大学生课程设计指南丛书

陈小川　周俐俐　等 编著　李嘉林　主审

土木工程专业 土力学与地基基础课程设计指南

中国水利水电出版社
www.waterpub.com.cn
知识产权出版社
www.cnipr.com

内容提要

本书的主要内容包括课程设计基础知识、柱下独立基础课程设计、柱下条形基础课程设计、桩基础课程设计、挡土墙课程设计。全书共分 5 章，除第 1 章课程设计基础知识外，第 2～5 章各章都由课程设计任务书（一人一题）、课程设计指导书和课程设计实例三部分组成。

本书可供高等学校土木工程专业、高等专科学校和高等职业技术学院房屋建筑工程专业学生课程设计时使用，也可供函授本科和专科、电大、职工大学、中专和网络学院学生以及工程技术人员等不同层次的读者参考。

选题策划：阳淼　张宝林　E-mail：yangsanshui@vip. sina. com；z_baolin@263. net
责任编辑：阳淼　张宝林
文字编辑：张冰

图书在版编目（CIP）数据

土力学与地基基础课程设计指南/陈小川等编著．—北京：中国水利水电出版社：知识产权出版社，2009
（大学生课程设计指南丛书．土木工程专业）
ISBN 978-7-5084-6606-4

Ⅰ．土…　Ⅱ．陈…　Ⅲ．①土力学-课程设计-高等学校-教学参考资料②地基-基础（工程）-课程设计-高等学校-教学参考资料　Ⅳ．TU4

中国版本图书馆 CIP 数据核字（2009）第 107390 号

大学生课程设计指南丛书
土木工程专业　土力学与地基基础课程设计指南
陈小川　周俐俐　等 编著
李嘉林　主审
中国水利水电出版社
知 识 产 权 出 版 社　出版发行（北京市海淀区玉渊潭南路 1 号 D 座；电话：010-68367658
北 京 市 海 淀 区 马 甸 南 村 1 号；电话：010-82005070）
北京科水图书销售中心零售（电话：010-88383994、63202643）
全国各地新华书店和相关出版物销售网点经售
中国水利水电出版社微机排版中心排版
北京市兴怀印刷厂印刷
184mm×260mm　16 开本　9 印张　213 千字
2009 年 6 月第 1 版　2009 年 6 月第 1 次印刷
印数：0001—4000 册
定价：**20.00** 元

前言

作为建筑类院校专业课的一种实践性教学环节，课程设计是教学计划中的一个有机组成部分；是培养学生综合运用所学各门课程的基本理论、基本知识和基本技能，以分析解决实际工程问题能力的重要步骤；是学生巩固并灵活运用所学专业知识的一种比较好的手段；也是锻炼学生理论联系实际能力和提高学生工程设计能力的必经之路。

本书是为指导大学本科（专科）高年级学生的土力学与地基基础课程设计而编写的，结合了作者10多年的教学工作心得和工程实践经验，采用了国家现行的有关规定、标准和设计规范，同时还编入了课程设计实例，编写内容和体系力求简明扼要、重点突出、实用性强。本书的主要内容包括课程设计基础知识、柱下独立基础课程设计、柱下条形基础课程设计、桩基础课程设计和挡土墙课程设计。除第1章外，书中每一章均由三部分组成，即课程设计任务书、课程设计指导书和课程设计实例。

本书坚持了以下特色：课程设计任务书做到了一人一题，能够让学生明确设计目的，了解设计任务、设计思路和方法，以及应提交的设计成果等。每份任务书的设计任务有所不同，这样既可以避免重复，同时又可以减少学生之间的相互依赖，促使他们主动思考，自行设计。此外，课程设计实例可供参考，为参加土力学与地基基础课程设计的学生提供了方便。

本书由西南科技大学陈小川（副教授、一级注册结构工程师、注册岩土工程师）和周俐俐（副教授、一级注册结构工程师）主编，李嘉林副教授主审。各章节编撰工作的具体分工如下：第 1 章，周俐俐；第 2 章，陈小川（第 2.1 节、第 2.2 节），戴烽滔（第 2.3 节）；第 3 章，陈小川、张玲玲；第 4 章，陈小川、陈棠茵（第 4.1 节、4.2、4.3 节），楚云朋（第 4.4 节）；第 5 章，刘华强。全书由陈小川和周俐俐负责统稿。

本书可作为土木工程专业、工程管理专业和房屋建筑工程专业的土力学与地基基础课程设计教材，也可供上述各专业的设计、管理人员参考。

在编写本书的过程中，参考了大量的文献资料。在此，谨向这些文献的作者表示衷心的感谢。由于编者水平所限，疏漏之处在所难免，敬请读者能及时将意见和建议反馈给我们，以便及时修正。

作者联系方式：chenxiaochuan@swust. edu. cn

作者

2009 年 3 月于西南科技大学

目 录

第5章　挡土墙课程设计

第1章 课程设计基础知识

课程设计是土木工程专业十分重要的实践性教学环节，是将课程基本理念转化为课程实践活动的“桥梁”。设置课程设计的目的是加强学生对本课程及相关课程知识的理解，培养学生综合分析问题的能力和运用基础理论知识解决实际工程问题的能力，为毕业设计打下坚实的基础，也有助于学生毕业后能尽早进入“工程角色”。多年来的教学实践反映了课程设计这一教学环节对学生能力的培养起到了一定的作用。

“土力学与地基基础”课程是土木工程专业及相关专业的主干课程，也是重要的专业课程。“土力学与地基基础课程设计”是“土力学与地基基础”课程的实践教学环节，教学计划中包括一个课程设计，可以是柱下独立基础课程设计（时间为1周），也可以是桩基础课程设计（时间为1周）。为提高学生的综合应用能力，本书编写了柱下条形基础课程设计（时间为1周），该部分不但要求学生具有良好的基础工程知识，还要具有很好的结构力学和钢筋混凝土专业知识。此外，本书还编写了挡土墙课程设计（时间为1周），对于道路桥梁及岩土专业的学生，挡土墙设计是其重要的学习内容。

1.1 课程设计的目的

课程设计的目的主要体现在巩固与运用基本概念与基础知识、掌握方法以及培养各种能力等诸多方面。

1. 巩固与运用理论教学的基本概念和基础知识

通过课程设计，可以加深学生对课程基础理论知识的认识和理解，并学习运用这些理论知识来指导具体的工程实践。因此，课程设计训练不只是原有理论知识的重复利用，还是其工程实践水平的升华。

2. 培养学生使用各种规范及查阅手册和资料的能力

在课程设计中，仅仅局限于教科书的内容是远远不够的，在设计中学生还需要查阅和运用各种手册、规范、标准图集和工具书等。因此，本书的各章任务书中都列出了主要的参考资料，引导学生逐步摆脱对教师的依赖性，培养学生独立搜集、参阅和利用资料的能力。

3. 培养学生概念设计的能力

地基与基础是建筑物的根基，又属于隐蔽工程，它的勘察、设计和施工质量，直接关系着建筑物的安危。建筑设计的成败，往往取决于基础设计方案抉择得是否妥当，以及基础设计能否适应建筑场地地基土的实际情况。在基础设计过程中，所谓的概念设计是指设计人员在从基础选型、布置、分析计算、截面设计到细部处理的整个设计过程中，对所遇到的问题依据建筑结构在各种情况下工作的一般规律，结合实践经验，综合考虑各方面因素，确定合理的分析、处理方法，力求得到最为经济、合理的基础设计方案。培养学生概念设计思想，使学生借助概念简化计算，虽有一定误差，但结构概念清楚，定性准确，能很快选择和确定最佳基础设计方案。

4. 熟悉设计步骤与相关的设计内容

通过课程设计，学生可以熟悉设计的基本步骤和程序，掌握主要设计过程的设计内容与设计方法。

5. 学会设计计算方法

各门课程的设计计算往往不仅涉及本课程的设计计算内容，而且涉及其他专业课程、专业基础课程甚至基础课程的计算内容。例如，条形基础课程设计的设计计算除需应用基础工程的设计计算方法外，还涉及材料力学、结构力学、建筑材料和钢筋混凝土等课程的设计计算。这些学习过程对学生加深课程之间纵横向联系的理解，学会综合运用各门课程知识完成工程设计计算是一个十分有益的训练。

6. 培养学生图纸表达能力

学生的课程设计图纸，往往会在构造部分出问题。学生一般重视计算，忽略构造要求，构造部分一般比较繁杂琐碎，学生平时不注意学习，不清楚结构构造，画图时也不能准确表达结构构造。因此，在课程设计过程中，应引导学生查阅各种构造手册，对规范中规定的各种构造措施要在图纸中有明确表示，使学生认识到，自已所画的图纸必须正确体现设计计算，图纸上的每一根线条都要有根有据，不仅自已看得明白，还要让别人看明白，让教师便于审核，让施工人员便于理解设计意图，最终达到正确施工的目的。

7. 培养学生语言表达能力

在课程设计结束时，增加一个课程设计答辩的环节，可培养学生的语言组织能力、逻辑思维能力和语言表达能力，同时也为毕业设计答辩做好准备。

8. 培养学生分析和解决工程实际问题的能力

课程设计是理论知识与设计方法的综合运用。在具体设计题目中，指导教师可根据不同学生的具体特点，有目的、有针对性地布置一人一题，每份任务书的设计任务有所不同，这样可以避免重复，同时减少学生间的相互依赖，使他们主动思考，自行设计。这样，使学生既受到全面的设计训练，也通过对具体工程问题的处理，提高学生分析和解决工程实际问题的能力。

1.2　课程设计的成果及基本要求

课程设计的成果包括课程设计计算书和课程设计图纸两部分。课程设计计算书应装订成一册，一般由封面、目录、设计计算书、参考文献、附录、致谢和封底等部分组成。课程设计图纸应符合规范，达到施工图深度要求。

1. 课程设计计算书的要求

(1) 封面。封面需包括课程设计名称，设计名称，学院（系）及专业名称，学生姓名、学号，班级，指导教师姓名，以及编写日期等。

(2) 目录。编写目录时应注意与设计计算书相对应，尽量细致划分、重点突出。

(3) 设计计算书。设计计算书主要记录全部的设计计算过程，应完整、清楚、整洁、正确。计算步骤要条理清楚，引用数据要有依据，采用计算图表和计算公式应注明其来源或出处，构件编号、计算结果（如构件截面尺寸、配筋等）应与图纸表达一致，以便核对。

当采用计算机计算时，应在计算书中注明所采用的计算机软件名称及代号。计算机软件必须经过审定（或鉴定）才能在工程设计中推广应用，电算结果应经分析认可。荷载简图、原始数据和电算结果应整理成册，与手算计算书统一整理。

选用标准图集时，应根据图集的说明，进行必要的选用计算，作为设计计算书的内容之一。

学生应对设计计算书中的关键数据和计算过程仔细校对。

（4）参考文献。参考文献中应列出主要的参考文章、书籍等，编号后与正文相对应。

（5）附录。附录包括课程设计任务书和其他主要的设计依据资料。

（6）致谢。需要感谢在设计过程中给予过自己帮助的人，如父母、教师或同学。

（7）封底。

2. 课程设计图纸的要求

施工图是进行施工的依据，是设计者的语言，是设计意图最准确、最完整的体现，是保证工程质量的重要环节。对课程设计图纸要求如下：

（1）依据国家制图标准《房屋建筑制图统一标准》（GB/T 50001—2001）和《建筑结构制图标准》（GB/T 50105—2001），采用铅笔或 CAD 绘图，设计内容满足规范的要求，图面布置合理，表达正确，文字规范，线条清楚，达到施工图要求。

（2）凡不符合《房屋建筑制图统一标准》（GB/T 50001—2001）和《建筑结构制图标准》（GB/T 50105—2001），图纸表达不清、不正确、结构构造关系混乱和文字不规范者，一律返工重画。

1.3　课程设计的成绩评定

课程设计的成绩考核方式应当有利于调动全体学生的积极性、主动性，有利于发挥学生的聪明才智和创造性才华，有利于提高课程设计的质量，考核要公平、公开、全面、合理。不仅要考核设计成果的质量，而且还要考查学生的平时表现和实际完成的工作量情况，通过设计答辩，按一定比例加权评分，综合评定设计成绩。

1.3.1　课程设计的成绩构成

课程设计的成绩由课程设计成果、课程设计过程和课程设计答辩三部分构成，各部分成绩所占比例如下：课程设计成果（包括课程设计计算书和课程设计图纸）占 50%；课程设计过程（包括设计态度和创新精神）占 30%；课程设计答辩（包括自述情况和回答问题情况）占 20%。

1. 课程设计成果

课程设计成果考核内容包括以下几方面：概念是否清楚；设计条理是否清晰；设计方案是否正确、合理；设计方案的确定是否经过充分论证；设计参数的选择是否正确；设计计算部分是否完整、正确；设计图纸是否满足施工图的要求；设计计算书是否符合规范，内容是否完整，书写是否清楚，层次是否分明，文字是否流畅；手绘和计算机绘图是否合理搭配运用。

2. 课程设计过程

课程设计过程考核内容包括以下几方面：设计的进度是否符合要求；能否按时完成规定的设计任务；对待设计技术问题是否具有严谨的科学态度；是否具有求实与探索创新精神；能否主动学习；是否遵守纪律。

3. 课程设计答辩

课程设计答辩考核内容包括以下几方面：自述表达是否清楚；自述内容是否完整；回答问题是否完整、准确；分析问题、解决问题的能力如何；是否具有一定的应变能力。

课程设计成绩一般有优、良、中、及格和不及格五个等级，等级与百分制分值的对应关系如表 1.1 所示。

表 1.1　百分制分值与等级的对应关系

百分制分值	≥90	80～89	70～79	60～69	<60
等级	优	良	中	及格	不及格

1.3.2　课程设计的成绩评定标准

1. 优

设计思路清晰，结构方案良好。设计参数选择正确，选择依据充分。设计计算内容完整，正确无误。设计图纸满足工程制图要求，表达内容满足课程设计要求，正确无误。图面整洁，布局合理。设计计算书规范，内容完整。语言表达逻辑性强，书写清晰，有条理。设计态度端正。

2. 良

设计思路清晰，结构方案合理。设计参数选择正确，选择依据较充分。设计计算内容完整，正确无误。设计图纸满足工程制图要求，表达内容满足课程设计要求。图面较整洁，布局较好。设计计算书规范，内容完整。语言表达逻辑性较强，书写清晰，有条理。设计态度端正。

3. 中

设计思路较清晰，结构方案基本合理。设计参数选择基本正确，主要参数的选择有依据。设计计算内容完整，有少量错误。设计图纸满足工程制图要求，表达内容满足课程设计要求。图面基本整洁。设计计算书较规范，内容完整。语言表达有一定的逻辑性，书写整齐。设计态度基本端正。

4. 及格

设计思路基本清晰，结构方案基本合理。主要设计参数选择正确。设计计算内容基本完整，有一些错误。设计图纸基本满足工程制图要求，表达内容基本满足课程设计要求。图面基本整洁。设计计算书基本规范，内容基本完整。语言表达有一定的逻辑性，书写整齐。设计态度基本端正。

5. 不及格

设计思路不清晰，结构方案不合理。关键设计参数选择有错误。设计计算内容不完整，计算有明显错误。设计图纸基本满足工程制图要求，但表达内容不满足课程设计要求。设计计算书不规范，内容不完整。设计态度不端正。

1.4　文献检索与应用

文献资料是人类知识积累的成果，也是信息传播的重要载体。科技文献包括图书、资料、会议文集、政府出版物（如年鉴等）、专利、技术规程和标准、产品样本以及学位论文等。从广泛分布的文献资料中查找到有用的内容，这就是文献检索。文献检索与应用能力是科技工作者的一项基本功。通过文献检索，可以及时、广泛地了解与自己科技工作有关的信息与动态，对提高科研水平、改进研究方法是十分重要的。

学生在完成课程设计中进行文献检索，一方面，有助于提高设计质量；另一方面，可以培养学生查阅各种资料和规程规范的能力，为毕业设计打下坚实的基础。

1.4.1　文献检索作用

1. 借鉴其他学者的成果

通过查阅文献资料，可以了解其他学者在同一领域已经做了哪些工作，取得了哪些成果，还有哪些问题没有解决。这样，可以在已有成果的基础上制定自己的科研目标和研究方案，使研究工作有创造性，可以避免重复别人已做过的工作。

2. 了解该领域当前的研究动态

自己要进行的研究，可能有人也正在进行。通过文献资料的查阅，可以直接或间接地了解到目前在何处、何单位、何人以何种方式正在研究，以便有目的地进行交流，进行广泛合作或者友好竞争。

3. 扩大知识面

学生进行课程设计、毕业设计（论文）是从单科的理论学习进入实践性的训练，要综合运用各种知识去解决实际问题，完成所交给的设计任务。一开始，学生往往不知从何处开始，需要有一个过渡过程，这个过渡过程可在教师的指导下进行，而查阅文献对完成这一过程是非常有效的。通过文献阅读，学生们还可进一步扩大知识面，提高设计的效率。

1.4.2　文献分类

文献资料是知识和信息的载体，主要指书刊、杂志，此外还有胶卷、录像带、录音带、光盘和互联网等。根据包含的知识和信息层次，文献大体可划分为原始文献、二次文献和三次文献三种。

1. 原始文献

原始文献是科研人员根据其科研成果所撰写的文献。由于它是科研成果的直接体现，所以原始文献所包含的内容具有显著的创造性、新颖性和先进性。因此，通常原始文献是科研人员进行文献检索的主要对象。

原始文献的主要类型有科技期刊、科技报告、会议文献、学位论文、专利文献和政府出版物等。

2. 二次文献

二次文献是指将分散的原始文献用一定的规则和方法进行加工、归纳、简化、组织成为系统的便于查找利用的有序资料，也就是目录、题录、文摘和索引等检索工具。二次文献的检索目的是提供文献线索，是检索原始文献的辅助工具。

3. 三次文献

三次文献是指对原始文献所包含的知识和信息，进行综合归纳、核对鉴定、浓缩提炼、重新组织等而形成的综合性的文献资料。它的时效性和针对性不如原始文献，但其系统性好，对于最初接触某一研究课题而又想尽快全面了解课题所在研究领域情况的人来说颇有帮助。三次文献通常包括教科书、专著、译文、辞典、年鉴、技术手册、综述报告和评论等。

1.4.3 文献检索途径

1. 书名或篇名

根据所要查找的图书的书名或文章的篇名（题目），在相应的目录索引工具书中，按字序查找。中文书名或文章篇名的字序一般按首字的笔画多少排列，也有的按首字拼音音序排列。外文书名或文章篇名的字序按首字字母顺序排列。首字相同时，再按下一个字的字母顺序排列。

2. 作者姓名

根据作者目录或作者索引查找文献。这里所指的作者包括个人作者、团体作者、专利发明人、专利受让人、研究合同户以及学术会议主办单位等。作者姓名的排列顺序与书名的排列顺序相同。

3. 文献序号

有些类型的文献，每篇都有一个编号，互不重复，这个编号就是该文献的代表，称为文献序号。例如，技术标准有标准号，科技报告有报告号，专利说明书有专利号等。只要具备待查阅文献的编号，就可按文献序号途径查阅到相应文献。例如，JGJ 94—2008 就是《建筑桩基技术规范》的标准号，GB 50009—2001 就是《建筑结构荷载规范》的标准号。

4. 分类

利用分类目录或分类索引，按照文献资料所属的专业类别来检索文献。按分类途径检索文献时，首先要熟悉学科分类法，确定自己所研究的课题或所需要的资料属于哪一类，然后查明代表该类的符号和数字，再按此分类号查分类目录或分类索引，即可获得所需要的文献线索。土建类的参考文献通常涉及的图书分类号主要有 TB——一般工业技术，TU——建筑科学。

5. 主题词

主题词是指表达文献的中心思想所用的规范化的名词或词组。主题目录和主题索引是按主题词字序编排的检索系统，例如美国的《工程索引》（Engineering Index，简称 EI）即是一部按主题词顺序编排的文摘性刊物。

6. 关键词

关键词是从文献的篇名、正文或文摘中选出具有实意的、能反映文献内容特点的词汇。通过关键词查阅文献，更加灵活方便。但是由于关键词词汇量太大而编排困难，因此，目前多用于计算机系统。

以上简单介绍了常用的六种文献检索途径。现代计算机技术的应用使得许多检索工具电子化，许多检索工作可以在计算机上通过人机对话进行，从而使文献检索的过程更加方便、快捷。

1.4.4　文献应用

文献检索只是利用文献的第一步，要将文献变为对自己有用的资料，最重要的是将检索到的文献认真地分析、筛选、理解、消化和吸收，只有经过这个过程，才能达到查阅文献的真正目的——文献的应用。

第2章　柱下独立基础课程设计

2.1　柱下独立基础课程设计任务书

2.1.1　设计题目

本次课程设计的题目：柱下独立基础设计。

2.1.2　设计资料

1. 地形

拟建建筑场地平整。

2. 工程地质条件

自上而下土层依次如下：

①号土层：杂填土，层厚约0.5m，含部分建筑垃圾。

②号土层：粉质黏土，层厚1.2m，软塑，潮湿，承载力特征值 $f_{ak}=130$kPa。

③号土层：黏土，层厚1.5m，可塑，稍湿，承载力特征值 $f_{ak}=180$kPa。

④号土层：细砂，层厚2.7m，中密，承载力特征值 $f_{ak}=240$kPa。

⑤号土层：强风化砂质泥岩，厚度未揭露，承载力特征值 $f_{ak}=300$kPa。

3. 岩土设计技术参数

地基岩土物理力学参数如表2.1所示。

表2.1　地基岩土物理力学参数

土层编号	土的名称	重度 γ (kN/m³)	孔隙比 e	液性指数 I_L	黏聚力 c (kPa)	内摩擦角 φ (°)	压缩模量 E_s (MPa)	标准贯入锤击数 N	承载力特征值 f_{ak} (kPa)
①	杂填土	18							
②	粉质黏土	20	0.65	0.84	34	13	7.5	6	130
③	黏土	19.4	0.58	0.78	25	23	8.2	11	180
④	细砂	21	0.62			30	11.6	16	240
⑤	强风化砂质泥岩	22					18	22	300

4. 水文地质条件

(1) 拟建场区地下水对混凝土结构无腐蚀性。

(2) 地下水位深度：位于地表下1.5m。

5. 上部结构资料

拟建建筑物为多层全现浇框架结构，框架柱截面尺寸为500mm×500mm。室外地坪标高同自然地面，室内外高差 450mm。柱网布置如图 2.1 所示。

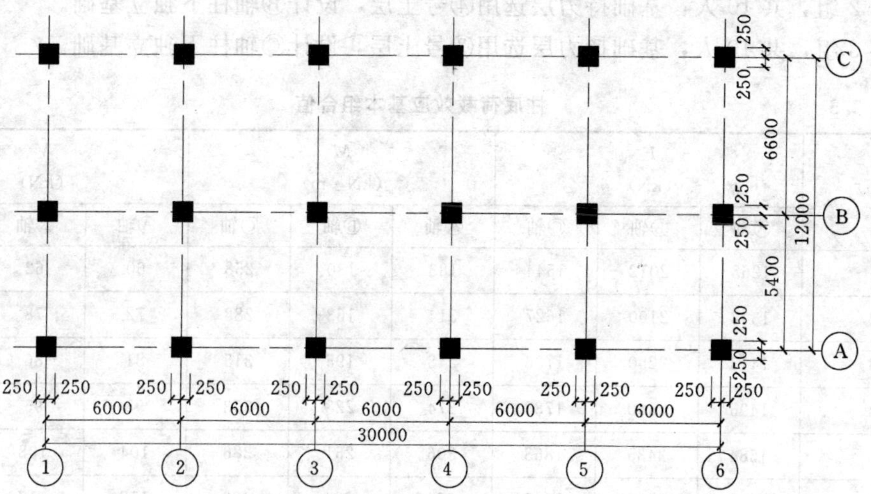

图 2.1　柱网平面图

6. 上部结构作用

上部结构作用在柱底的荷载效应标准组合值如表 2.2 所示，上部结构作用在柱底的荷载效应基本组合值如表 2.3 所示。

表 2.2　柱底荷载效应标准组合值

题　号	F_k (kN)			M_k (kN·m)			V_k (kN)		
	Ⓐ轴	Ⓑ轴	Ⓒ轴	Ⓐ轴	Ⓑ轴	Ⓒ轴	Ⓐ轴	Ⓑ轴	Ⓒ轴
1	975	1548	1187	140	100	198	46	48	44
2	1032	1615	1252	164	125	221	55	60	52
3	1090	1730	1312	190	150	242	62	66	57
4	1150	1815	1370	210	175	271	71	73	67
5	1218	1873	1433	235	193	297	80	83	74
6	1282	1883	1496	257	218	325	86	90	83
7	1339	1970	1560	284	242	355	96	95	89
8	1402	2057	1618	231	266	377	102	104	98
9	1534	2140	1677	335	288	402	109	113	106
10	1598	2205	1727	365	309	428	120	117	114

7. 材料

混凝土强度等级为 C25～C30，钢筋采用 HPB235、HRB335 级。

2.1.3　设计分组

根据以上所给设计资料及学生人数，可将学生划分为若干个组。分组示意如下：

第 1 组，共 10 人，基础持力层选用③号土层，设计Ⓐ轴柱下独立基础。

第 2 组，共 10 人，基础持力层选用④号土层，设计Ⓑ轴柱下独立基础。

第 3 组，共 10 人，基础持力层选用③号土层，设计Ⓒ轴柱下独立基础。

表 2.3 柱底荷载效应基本组合值

题号	F (kN)			M (kN·m)			V (kN)		
	Ⓐ轴	Ⓑ轴	Ⓒ轴	Ⓐ轴	Ⓑ轴	Ⓒ轴	Ⓐ轴	Ⓑ轴	Ⓒ轴
1	1268	2012	1544	183	130	258	60	62	58
2	1342	2100	1627	214	163	288	72	78	67
3	1418	2250	1706	248	195	315	81	86	74
4	1496	2360	1782	274	228	353	93	95	88
5	1584	2435	1863	306	251	386	104	108	96
6	1667	2448	1945	334	284	423	112	117	108
7	1741	2562	2028	369	315	462	125	124	116
8	1823	2674	2104	391	346	491	133	136	128
9	1995	2783	2181	425	375	523	142	147	138
10	2078	2866	2245	455	402	557	156	153	149

2.1.4 设计要求

每人根据所在组号和题号，完成指定轴线的桩基础设计。对于另外两根轴线的基础，只要求根据所给荷载确定基础底面尺寸，以便画出基础平面图。要求分析过程详细，计算步骤完整，设计说明书的编写应具有条理性，图纸整洁清晰。

2.1.5 设计内容

（1）设计柱下独立基础，包括确定基础埋置深度、基础底面尺寸，对基础进行结构内力分析、强度计算，确定基础高度，进行配筋计算并满足构造设计要求，编写设计计算书。

（2）绘制基础施工图，包括基础平面布置图、独立基础大样图，并提出必要的技术说明。

2.1.6 设计成果

1. 设计计算书

设计计算书包括以下内容：

（1）确定地基持力层和基础埋置深度。

（2）确定基础底面尺寸，验算地基承载力。

（3）对基础进行抗冲切承载力验算，确定基础高度。

（4）对基础进行正截面受弯承载力验算，确定基础底板配筋。

2. 设计图纸

设计图纸包括以下内容：

（1）基础平面布置图。

（2）独立基础大样图。

（3）设计说明。

2.1.7　参考资料

（1）赵明华，《土力学与基础工程》（第 2 版），武汉理工大学出版社，2003。

（2）周景星，《基础工程》（第 2 版），清华大学出版社，2007。

（3）吴培明，《混凝土结构（上）》（第 2 版），武汉理工大学出版社，2003。

（4）《建筑结构荷载规范》（GB 50009—2001），中国建筑工业出版社，2002。

（5）《建筑地基基础设计规范》（GB 50007—2002），中国建筑工业出版社，2002。

（6）《混凝土结构设计规范》（GB 50010—2002），中国建筑工业出版社，2002。

2.2　柱下独立基础课程设计指导书

地基基础设计是土木工程结构设计的重要组成部分，必须根据上部结构条件（建筑物的用途和安全等级、建筑布置以及上部结构类型等）和工程地质条件（建筑场地、地基岩土和气候条件等），结合考虑其他方面的要求（工期、施工条件、造价和节约资源等），合理选择地基基础方案，因地制宜，精心设计，以确保建筑物和构筑物的安全和正常使用。

2.2.1　独立基础的设计内容与步骤

（1）初步设计基础的结构型式、材料与平面布置。

（2）确定基础的埋置深度 d。

（3）计算地基承载力特征值 f_{ak}，并经深度和宽度修正，确定修正后的地基承载力特征值 f_a。

（4）根据上部结构作用在基础顶面的荷载及经深度和宽度修正后的地基承载力特征值，计算基础的底面积。

（5）计算基础高度并确定剖面形状。

（6）若地基持力层下部存在软弱土层时，则需验算软弱下卧层的承载力。

（7）地基基础设计等级为甲、乙级建筑物和部分丙级建筑物应计算地基的变形。

（8）验算建筑物或构筑物的稳定性（如有必要时）。

（9）基础细部结构和构造设计。

（10）绘制基础施工图。

如果上述步骤（1）～（7）中有不满足要求的情况时，可对基础设计进行调整，例如采取加大基础埋置深度 d 或加大基础宽度 b 等措施，直到全部满足要求为止。

2.2.2　地基基础设计基本规定

1. 地基基础设计等级

根据地基复杂程度、建筑物规模和功能特征，以及由于地基问题可能造成建筑物破坏或影响正常使用的程度，可将地基基础设计分为三个设计等级，设计时应根据具体情况按表 2.4 选用。

表 2.4　　地基基础设计等级

设计等级	建筑和地基类型
甲级	（1）重要的工业与民用建筑物。 （2）30 层以上的高层建筑体型复杂，层数相差超过 10 层的高低层连成一体的建筑物。 （3）大面积的多层地下建筑物（如地下车库、商场和运动场等）。 （4）对地基变形有特殊要求的建筑物。 （5）复杂地质条件下的坡上建筑物（包括高边坡）。 （6）对原有工程影响较大的新建建筑物。 （7）场地和地基条件复杂的一般建筑物。 （8）位于复杂地质条件及软土地区的 2 层及 2 层以上地下室的基坑工程
乙级	除甲级、丙级以外的工业与民用建筑物
丙级	（1）场地和地基条件简单、荷载分布均匀的 7 层及 7 层以下民用建筑及一般工业建筑物。 （2）次要的轻型建筑物

2. 地基计算的规定

根据建筑物地基基础设计等级及长期荷载作用下地基变形对上部结构的影响程度，地基基础设计应符合以下规定。

（1）所有建筑物的地基计算均应满足承载力计算的有关规定。

（2）设计等级为甲级、乙级的建筑物，均应按地基变形设计。

（3）表 2.5 所列范围内设计等级为丙级的建筑物可不作变形验算，但如有下列情况之一时，仍应作变形验算：

表 2.5　　可不作地基变形计算的设计等级为丙级建筑物范围

地基主要受力层的情况	地基承载力特征值 f_{ak}			$60\leqslant f_{ak}<80$	$80\leqslant f_{ak}<100$	$100\leqslant f_{ak}<130$	$130\leqslant f_{ak}<160$	$160\leqslant f_{ak}<200$	$200\leqslant f_{ak}<300$
	各土层坡度（%）			≤5	≤5	≤10	≤10	≤10	≤10
建筑类型	砌体承重结构、框架结构（层数）			≤5	≤5	≤5	≤6	≤6	≤7
	单层排架结构	单跨	吊车额定起重量（t）	5～10	10～15	15～20	20～30	30～50	50～100
			厂房跨度（m）	≤12	≤18	≤24	≤30	≤30	≤30
		多跨	吊车额定起重量（t）	3～5	5～10	10～15	15～20	20～30	30～75
			厂房跨度（m）	≤12	≤18	≤24	≤30	≤30	≤30
	烟囱	高度（m）		≤30	≤40	≤50	≤75		≤100
	水塔	高度（m）		≤15	≤20	≤30	≤30		≤30
		容积（m^3）		≤50	50～100	100～200	200～300	300～500	500～1000

注　1. 地基主要受力层系指条形基础底面下深度为 $3b$（b 为基础底面宽度），独立基础下为 $1.5b$，且厚度均不小于 5m 的范围（2 层以下一般的民用建筑除外）。

2. 地基主要受力层中如有承载力特征值 $f_{ak}<130$kPa 的土层时，表中砌体承重结构的设计，应符合《建筑地基基础设计规范》（GB 50007—2002）第 7 章的有关要求。

3. 表中砌体承重结构和框架结构均指民用建筑。对于工业建筑可按厂房高度、荷载情况折合成与其相当的民用建筑层数。

4. 表中吊车额定起重量、烟囱高度和水塔容积的数值系指最大值。

1）地基承载力特征值小于130kPa，且体型复杂的建筑。

2）在地基基础上及其附近有地面堆载或相邻基础荷载差异较大，可能引起地基产生过大的不均匀沉降时。

3）软弱地基上的建筑物存在偏心荷载时。

4）相邻建筑距离过近，可能发生倾斜时。

5）地基内有厚度较大或厚薄不均的填土，其自重固结未完成时。

（4）对经常受水平荷载作用的高层建筑、高耸结构和挡土墙等，以及建造在斜坡上或边坡附近的建筑物和构筑物，尚应验算其稳定性。

（5）基坑工程应进行稳定性验算。

（6）当地下水埋藏较浅，建筑地下室或地下构筑物存在上浮问题时，尚应进行抗浮验算。

3. 荷载效应最不利组合与相应的抗力限值

在地基基础设计时，荷载效应最不利组合与相应的抗力限值应按以下规定采用：

（1）按地基承载力确定基础底面积及埋置深度时，传至基础底面上的荷载效应按正常使用极限状态下荷载效应的标准组合。相应的抗力应采用地基承载力特征值。

（2）计算地基变形时，传至基础底面上的荷载效应应按正常使用极限状态下荷载效应的准永久组合，不应计入风荷载和地震作用。相应限值应为地基变形允许值。

（3）计算挡土墙土压力、地基或斜坡稳定及滑坡推力时，荷载效应应按承载能力极限状态下荷载效应的基本组合，但其分项系数均为1.0。

（4）在确定基础高度、配筋和验算材料强度时，上部结构传来的荷载效应组合和相应的基底反力，应按承载能力极限状态下荷载效应的基本组合，采用相应的分项系数。

2.2.3 地基承载力特征值的确定

确定地基承载力特征值的方法主要有以下几种：

（1）按载荷试验确定。

（2）根据地基土的抗剪强度指标，按理论公式确定。

（3）应用地区建筑经验，采取工程地质类比法确定。

当基础宽度大于3m或埋置深度大于0.5m时，从载荷试验或其他原位测试、经验值等方法确定的地基承载力特征值，尚应按下式修正：

$$f_a = f_{ak} + \eta_b \gamma (b-3) + \eta_d \gamma_m (d-0.5)$$

式中 f_a——修正后的地基承载力特征值，kPa；

f_{ak}——地基承载力特征值，kPa；

η_b、η_d——基础宽度、埋置深度的地基承载力修正系数，按基底下土的类别查表2.6取用；

γ——基底以下土的重度，地下水位以下取浮重度 γ'，kN/m^3；

γ_m——基底以上土的加权平均重度，地下水位以下取浮重度，kN/m^3；

b——基础底面宽度，m，当宽度小于3m时按3m取值，当宽度大于6m时按6m取值；

d——基础埋置深度，m，当埋置深度小于0.5m时按0.5m取值。

基础埋置深度一般自室外地面标高算起；在填方整平地区，可自填土地面标高算起，但填土在上部结构施工后完成时，应从天然地面标高算起；对于地下室，当采用箱形基础或筏形基础时，基础埋置深度自室外地面标高算起；当采用独立基础或条形基础时，应从室内地面标高算起。

表 2.6 承载力修正系数

土的类别		η_b	η_d
淤泥和淤泥质土		0	1.0
人工填土； e 或 I_L 大于或等于 0.85 的黏性土		0	1.0
红黏土	含水比 $\alpha_W>0.8$	0	1.2
	含水比 $\alpha_W\leqslant 0.8$	0.15	1.4
大面积压实填土	压实系数大于 0.95、黏粒含量 $\rho_c\geqslant 10\%$ 的粉土	0	1.5
	最大干密度大于 $2.1t/m^3$ 的级配砂石	0	2.0
粉土	黏粒含量 $\rho_c\geqslant 10\%$ 的粉土	0.3	1.5
	黏粒含量 $\rho_c<10\%$ 的粉土	0.5	2.0
e 及 I_L 均小于 0.85 的黏性土		0.3	1.6
粉砂、细砂（不包括很湿与饱和时的稍密状态）		2.0	3.0
中砂、粗砂、砾砂和碎石土		3.0	4.4

注 1. 强风化和全风化的岩石，可参照所风化成的相应土类取值，其他状态下的岩石不修正。
2. 地基承载力特征值按《建筑地基基础设计规范》(GB 50007—2002) 附录深层平板载荷试验确定时 η_d 取 0。

2.2.4 柱下独立基础设计

2.2.4.1 基础底面尺寸的确定

确定基础底面尺寸时，首先，应满足地基承载力要求，包括持力层土的承载力计算和软弱下卧层的验算；其次，对部分建（构）筑物仍需考虑地基变形的影响，验算建（构）筑物的变形特征值，并对基础底面尺寸作必要的调整。

《建筑地基基础设计规范》(GB 50007—2002) 根据"所有建筑物的地基计算均应满足承载力"的基本原则，按持力层的承载力特征值计算所需的基础底面尺寸，要求符合下式要求：

$$p_k\leqslant f_a$$

$$p_{kmax}\leqslant 1.2f_a$$

式中 p_k——相应于荷载效应标准组合时，基础底面处的平均压力值，kPa；

p_{kmax}——相应于荷载效应标准组合时，基础底面边缘的最大压力值，kPa；

f_a——修正后的地基承载力特征值，kPa。

1. 轴心荷载作用下的基础

由

$$p_k=\frac{F_k+G_k}{A}=\frac{F_k+\gamma_G Ad}{A}=\frac{F_k}{A}+\gamma_G d\leqslant f_a$$

可得

$$A \geqslant \frac{F_k}{f_a - \gamma_G d}$$

式中　p_k——相应于荷载效应标准组合时，上部结构传至基础顶面处的竖向力值，kPa；

γ_G——基础及回填土的平均重度，一般取 $20kN/m^3$，地下水位以下取 $10kN/m^3$；

d——基础平均埋置深度，m；

A——基底面积，m^2。

按上式计算出 A 后，先选定 b 或 l，再计算另一边长，使 $A=lb$，一般取 $l/b=1.0\sim2.0$。

必须指出，在按上式计算 A 时，需要先确定修正后的地基承载力特征值 f_a，但 f_a 值又与基础底面尺寸 A 有关，也即上式中的 A 与 f_a 都是未知数，因此，可能要通过反复试算确定。在计算时，可先对地基承载力只进行深度修正，计算 f_a 值；然后按计算所得的 $A=lb$，考虑是否需要进行宽度修正，使得 A、f_a 间相互协调一致。

2．偏心荷载作用下的基础

偏心荷载作用下的基底压力计算公式为

$$p_{kmin}^{kmax} = \frac{F_k + G_k}{A} \pm \frac{M_k}{W} = \frac{F_k + G_k}{lb}\left(1 \pm \frac{6e_k}{l}\right)$$

其中
$$e_k = M_k/(F_k + G_k)$$

当偏心矩 $e_k > l/6$ 时，基础边缘的最大压力按下式计算：

$$p_{kmax} = \frac{2(F_k + G_k)}{3ba}$$

其中
$$a = (l/2) - e_k$$

式中　M_k——相应于荷载效应标准组合时，上部结构传至基础顶面处的力矩值，kN·m；

W——基础底面的抵抗矩，m^3；

e_k——偏心矩，m；

l——力矩作用方向的矩形基础底面边长，m；

b——垂直于力矩作用方向的矩形基础底面边长，m；

a——偏心荷载作用点至最大压力作用边缘的距离，m。

偏心荷载作用下，按下列步骤确定基础底面尺寸：

(1) 先不考虑偏心，按轴心荷载条件初步估算所需的基础底面积。

(2) 根据偏心距的大小，将基础底面积增大10%～30%，并以适当比例选定基础长度和宽度，即取基础宽度 b 为

$$b = (1.1\sim1.3)\sqrt{\frac{F_k}{n(f_a - \gamma_G d)}}$$

其中
$$n = l/b$$

式中　n——基础的长宽比，对矩形截面，一般取 $n=1.2\sim2.0$。

(3) 由调整后的基础底面尺寸计算基底最大压力 p_{kmax} 和最小压力 p_{kmin}，并使其满足 $p_k \leqslant f_a$ 和 $p_{kmax} \leqslant 1.2f_a$ 的要求。如果不满足要求或压力过小，地基承载力未能充分发挥，应调整基础尺寸，直至最后确定合适的基础底面尺寸。

通常，基底的最小压力不宜出现负值，即要求偏心距 $e_k \leqslant l/6$，但对于低压缩性土及

短暂作用的荷载，可适当放宽至 $e_k \leqslant l/4$。

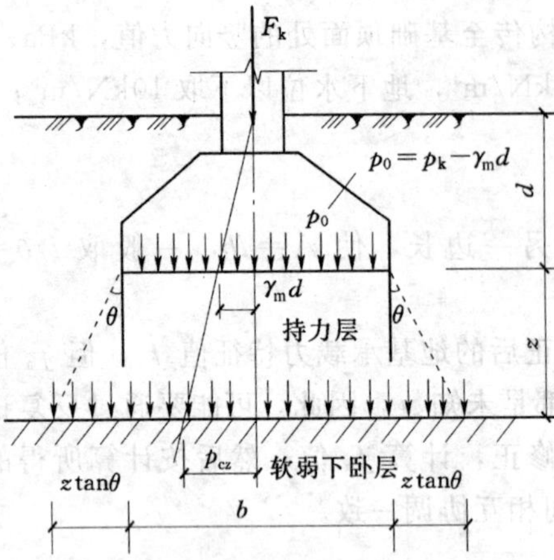

图 2.2　软弱下卧层承载力验算图

2.2.4.2　软弱下卧层的验算

当地基压缩层范围内存在有软弱下卧层时，应按下式验算软弱下卧层的承载力（见图 2.2）：

$$p_z+p_{cz}\leqslant f_{az}$$

式中　p_z——软弱下卧层顶面处的附加压力设计值，kPa；

p_{cz}——软弱下卧层顶面处土的自重压力标准值，kPa；

f_{az}——软弱下卧层顶面处经深度修正后地基承载力设计值，kPa。

当上层土与下卧土层的压缩模量比值大于或等于 3 时，对条形基础和矩形基础，上式中的 p_z 值可按下式进行简化计算：

$$p_z=\frac{lb(p_k-\gamma_m d)}{(l+2z\tan\theta)(b+2z\tan\theta)}$$

式中　b——矩形基础和条形基础底边的宽度，m；

l——矩形基础底边的长度，m；

γ_m——基础埋置深度范围内土的加权平均重度，地下水位以下取浮重度，kN/m^3；

z——基础底面至软弱下卧层顶面的距离，m；

θ——地基压力扩散角，可按表 2.7 采用。

表 2.7　　地基压力扩散角 θ

E_{s1}/E_{s2}	z/b		E_{s1}/E_{s2}	z/b	
	0.25	0.50		0.25	0.50
3	6°	23°	10	20°	30°
5	10°	25°			

注　1. E_{s1} 为上层土压缩模量，E_{s2} 为下层土压缩模量。
2. $z/b<0.25$ 时，取 $\theta=0°$，必要时，宜由试验确定；$z/b>0.50$ 时，θ 值不变。

选择基础底面尺寸后，必要时还要对地基的变形或稳定性进行验算。

2.2.4.3　地基变形验算

《建筑地基基础设计规范》（GB 50007—2002）按不同建筑物的地基变形特征，要求建筑物的地基变形计算值不应大于地基变形允许值，即

$$s\leqslant[s]$$

式中　s——地基变形计算值，为地基广义变形值，可分为沉降量、沉降差、倾斜和局部倾斜等；

$[s]$——地基变形允许值，它是根据建筑物的结构特点、使用条件和地基土的类别而

确定的，其值请参见《建筑地基基础设计规范》（GB 50007—2002）中的表 5.3.4。

对于因建筑地基不均匀、荷载差异大及体形复杂等因素引起的地基变形，在砌体承重结构中应由局部倾斜控制；在框架结构和单层排架结构中应由相邻柱基的沉降差控制；在多层、高层建筑和高耸结构中应由倾斜值控制。

一般建筑物在施工期间完成的沉降量，对于砂土可认为其最终沉降量已基本完成，对于低压缩黏性土可认为已完成最终沉陷量的 50%～80%，对于中压缩黏性土可认为已完成 20%～50%，对于高压缩黏性土可认为已完成 5%～20%。根据预估的沉降量，可预留建筑物有关部分之间的净空，考虑连接方法和施工顺序等。

2.2.4.4　基础底板厚度的确定

基础底板厚度由柱边抗冲切破坏的要求确定。设计时先假设一个基础底板厚度 h，然后再验算抗冲切能力。对于矩形基础，柱短边一侧冲切破坏较柱长边一侧危险，所以一般只需根据短边一侧冲切破坏条件来确定底板厚度，即要求对矩形截面柱的矩形基础，应验算柱与基础交接处［见图 2.3(*a*)］以及基础变阶处的受冲切承载能力。

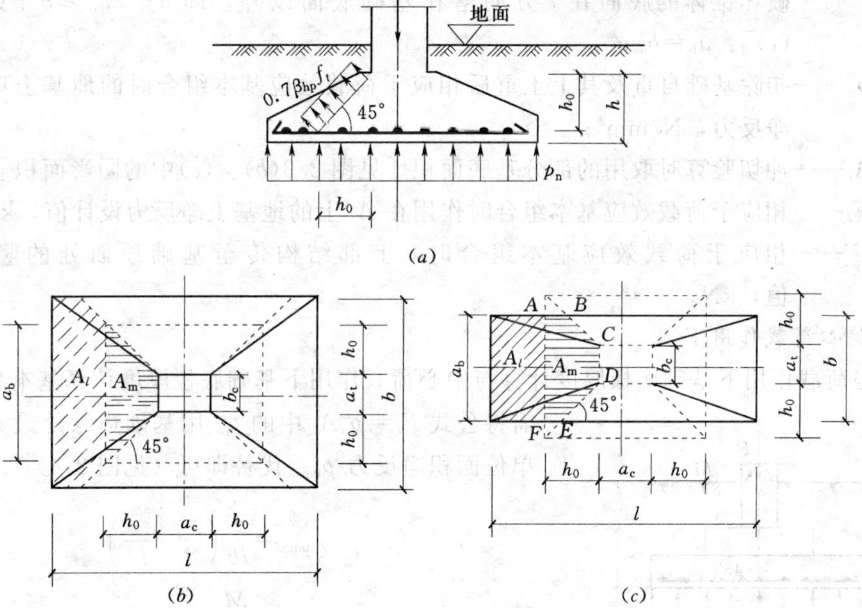

图 2.3　中心受压柱基础底板厚度的确定

(*a*) 中心受压柱基础；(*b*) 当 $b \geqslant a_t + 2h_0$ 时；(*c*) 当 $b < a_t + 2h_0$ 时

1. 中心荷载作用下

在中心荷载 F 作用下，按以下公式验算：

$$F_l \leqslant 0.7\beta_{hp} f_t a_m h_0$$

其中

$$a_m = (a_t + a_b)/2$$

$$F_l = p_n A_l$$

$$p_n=\frac{F}{bl}$$

$$A_l=\left(\frac{l}{2}-\frac{a_c}{2}-h_0\right)b-\left(\frac{b}{2}-\frac{b_c}{2}-h_0\right)^2$$

式中 β_{hp}——受冲切承载力截面高度影响系数，当 $h\leqslant 800$mm 时 β_{hp} 取 1.0，当 $h\geqslant 2000$mm 时 β_{hp} 取 0.9，其间按线性内插法取用；

f_t——混凝土轴心抗拉强度设计值，N/mm^2；

h_0——基础冲切破坏锥体的有效高度，m；

a_m——冲切破坏锥体最不利一侧计算长度，m；

a_t——冲切破坏锥体最不利一侧斜截面的上边长，m，当计算柱与基础交接处的受冲切承载力时取柱宽，当计算基础变阶处的受冲切承载力时取上阶宽；

a_b——冲切破坏锥体最不利一侧斜截面在基础底面积范围内的下边长，m｛如果冲切破坏锥体的底面落在基础底面以内［见图 2.3(*b*)］：当计算柱与基础交接处的受冲切承载力时，取柱宽加 2 倍基础有效高度；当计算基础变阶处的受冲切承载力时，取上阶宽加 2 倍该处的基础有效高度。如冲切破坏锥体的底面在 l 方向落在基础底面以外，即 $a+2h_0\geqslant b$［见图 2.3(*c*)］：$a_b=b$｝；

p_n——扣除基础自重及其上土重后相应于荷载效应基本组合时的地基土单位面积净反力，N/mm^2；

A_l——冲切验算时取用的部分基底面积［见图 2.3(*b*)、(*c*)中的阴影面积］，m^2；

F_l——相应于荷载效应基本组合时作用在 A_l 上的地基土净反力设计值，kN；

F——相应于荷载效应基本组合时，上部结构传至基础顶面处的竖向荷载值，kN。

2. 偏心荷载作用下

偏心荷载作用下基础底板厚度计算与中心荷载作用下基础底板厚度计算基本相同，只需将公式 $F_l=p_nA_l$ 中的 p_n 用基础边缘处最大地基土单位面积净反力 p_{nmax} 代替即可（见图 2.4）：

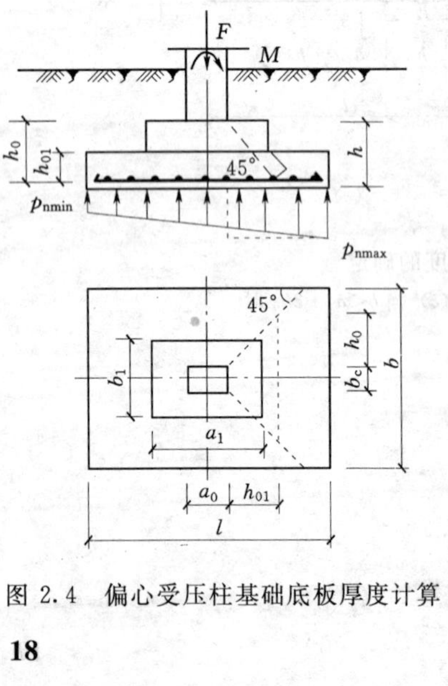

图 2.4 偏心受压柱基础底板厚度计算

$$p_{nmax}=\frac{F}{lb}\left(1+\frac{6e_{n0}}{l}\right)$$

其中 $$e_{n0}=\frac{M}{F}$$

式中 e_{n0}——净偏心距；

M——相应于荷载效应基本组合时，上部结构传至基础底面处的力矩值，kN·m。

2.2.4.5 基础底板配筋

由于单独基础底板在地基净反力作用下，在两个方向均发生弯曲，所以两个方向都要配受力钢筋。钢筋面积按两个方向的最大弯矩分别计算。

1. 中心荷载作用下

图 2.5 中各种情况的最大弯矩计算公式如下。

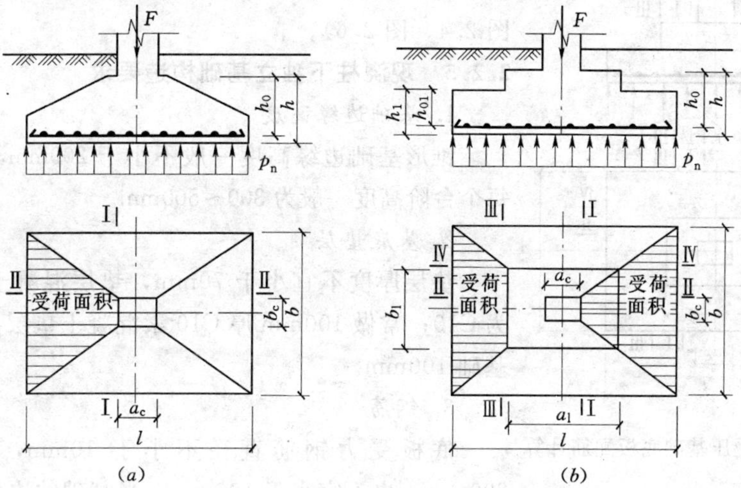

图 2.5　中心受压柱基础底板配筋计算

(a) 锥形基础；(b) 阶梯形基础

(1) 柱边（Ⅰ—Ⅰ截面）：

$$M_{\text{I}}=\frac{p_n}{24}(l-a_c)^2(2b+b_c)$$

(2) 柱边（Ⅱ—Ⅱ截面）：

$$M_{\text{II}}=\frac{p_n}{24}(b-b_c)^2(2l+a_c)$$

(3) 阶梯高度变化处（Ⅲ—Ⅲ截面）：

$$M_{\text{III}}=\frac{p_n}{24}(l-a_1)^2(2b+b_1)$$

(4) 阶梯高度变化处（Ⅳ—Ⅳ截面）：

$$M_{\text{IV}}=\frac{p_n}{24}(b-b_1)^2(2l+a_1)$$

根据以上所算截面弯矩 M 及对应的基础底板有效高度 h_0，按《混凝土结构设计规范》（GB 50010—2002）正截面受弯构件承载力计算公式，可以求出每边所需钢筋面积，也可按下式简化计算：

$$A_s=\frac{M}{0.9f_yh_0}$$

式中　A_s——每 1m 长基础底板受力钢筋截面面积，mm^2；

f_y——钢筋抗拉强度设计值，N/mm^2。

注意： 实际计算时，将各数值代入上式时的单位应统一，即 M 的单位取 N·mm/m，h_0 的单位取 mm，f_y 的单位取 N/mm^2，A_s 的单位取 mm^2/m。

2. 偏心荷载作用下

偏心受压基础底板配筋计算时，只需将中心受压计算公式中的 p_n 换成偏心受压时柱

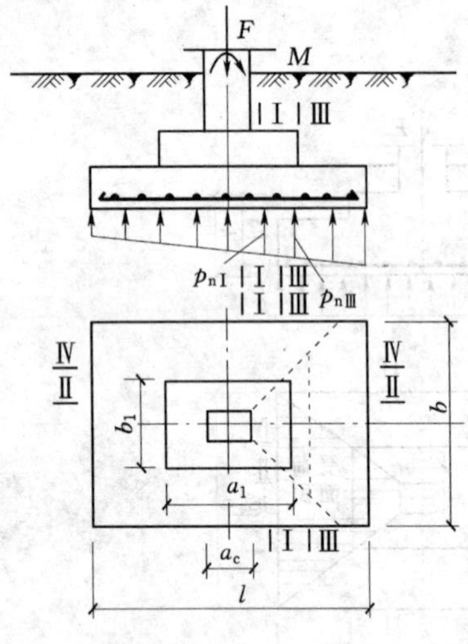

图 2.6 偏心受压基础底板配筋计算

边处（或变阶面处）基底设计反力 $p_{n\mathrm{I}}$（或 $p_{n\mathrm{II}}$）与 $p_{n\max}$ 的平均值$\frac{1}{2}(p_{n\max}+p_{n\mathrm{II}})$ [或$\frac{1}{2}(p_{n\max}+p_{n\mathrm{I}})$]即可（见图 2.4、图 2.6）。

2.2.5 现浇柱下独立基础构造要求

1. 基础边缘高度

锥形基础边缘高度一般不小于 200mm，阶梯形基础每个台阶高度一般为 300～500mm。

2. 基底垫层

垫层厚度不宜小于 70mm，垫层混凝土强度等级应为 C10；常做 100mm 厚 C10 素混凝土垫层，每边各伸出基础 100mm。

3. 钢筋

底板受力钢筋直径不小于 10mm，间距不大于 200mm，也不宜小于 100mm；当基础的边长大于或等于 2.5m 时，底板受力钢筋长度可减短 10%，并宜均匀交错布置。

4. 底板钢筋的保护层

底板钢筋的保护层，当有垫层时不小于 40mm，无垫层时不小于 70mm。

5. 混凝土

混凝土强度等级不应低于 C25。

扩展基础构造的一般要求如图 2.7 所示。

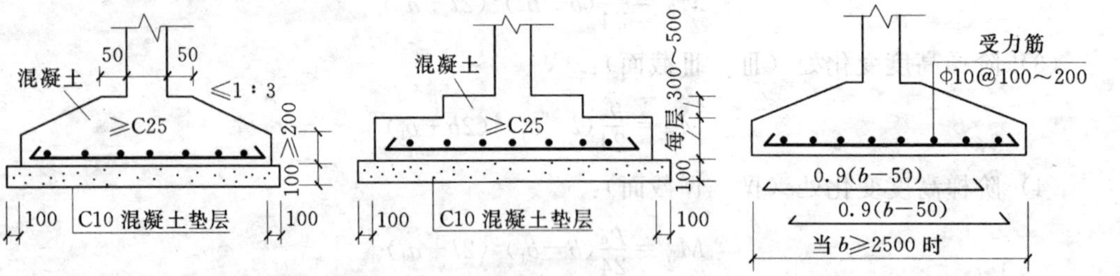

图 2.7 扩展基础构造的一般要求

(a) 锥形基础；(b) 阶梯形基础；(c) 钢筋配置

6. 基础插筋

现浇柱基础中应留出插筋，插筋在柱内的纵向钢筋连接以优先采用焊接或机械连接的接头，插筋在基础内应符合下列要求：

(1) 插筋的数量、直径以及钢筋种类应与柱内的纵向受力钢筋相同。

(2) 插筋锚入基础的长度等应满足有关规范要求。

(3) 基础中插筋至少需分别在基础顶面下 100mm 和插筋下端设置箍筋，且间距不大于 800mm，基础中箍筋直径与柱中同（见图 2.8）。

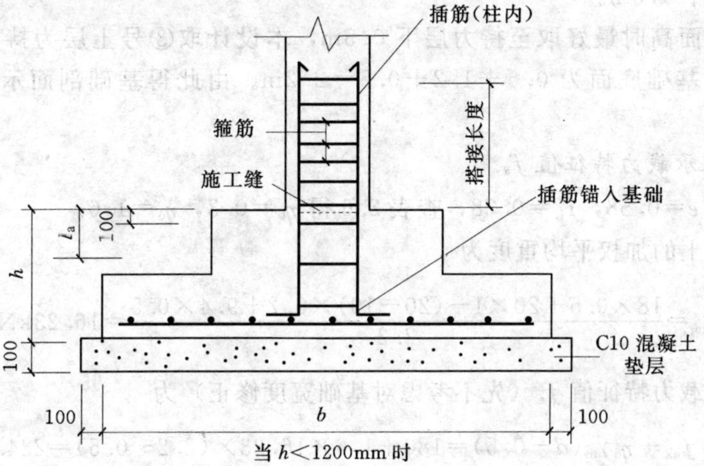

图 2.8　现浇钢筋混凝土柱与基础连接

2.3　柱下独立基础课程设计实例

取柱下独立基础课程设计任务书中 9 题号Ⓐ轴荷载作为实例，说明独立基础的设计方法。

2.3.1　设计资料

9 号题Ⓐ轴柱底荷载：

①柱底荷载效应标准组合值：$F_k=1534\text{kN}$，$M_k=335\text{kN}\cdot\text{m}$，$V_k=109\text{kN}$。

②柱底荷载效应基本组合值：$F=1995\text{kN}$，$M=425\text{kN}\cdot\text{m}$，$V=142\text{kN}$。

持力层选用③号土层，承载力特征值 $f_{ak}=180\text{kPa}$，框架柱截面尺寸为 500mm×500mm，室外地坪标高同自然地面，室内外高差 450mm。

2.3.2　独立基础设计

1. 选择基础材料

基础采用 C25 混凝土，HPB235 级钢筋，预估基础高度 0.8m。

2. 选择基础埋置深度

根据柱下独立基础课程设计任务书要求和工程地质资料选取。

①号土层：杂填土，层厚约 0.5m，含部分建筑垃圾。

②号土层：粉质黏土，层厚 1.2m，软塑，潮湿，承载力特征值 $f_{ak}=130\text{kPa}$。

③号土层：黏土，层厚 1.5m，可塑，稍湿，承载力特征值 $f_{ak}=180\text{kPa}$。

④号土层：细砂，层厚 2.7m，中密，承载力特征值 $f_{ak}=240\text{kPa}$。

⑤号土层：强风化砂质泥岩，厚度未揭露，承载力特征值 $f_{ak}=340\text{kPa}$。

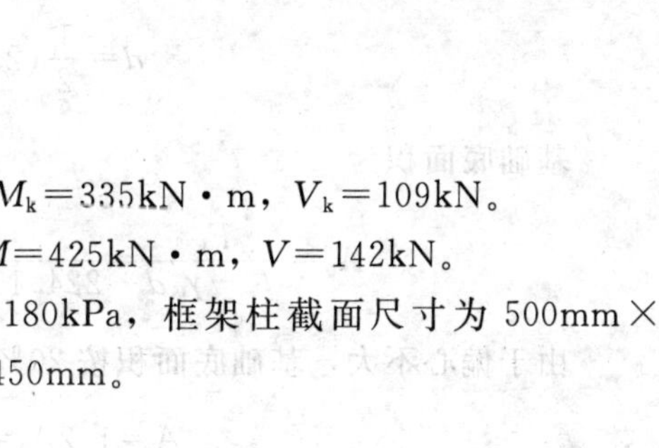

图 2.9　基础剖面示意图

拟建场区地下水对混凝土结构无腐蚀性，地

下水位于地表下 1.5m。

取基础底面高时最好取至持力层下 0.5m，本设计取③号土层为持力层，所以考虑取室外地坪到基础底面为 0.5+1.2+0.5=2.2m。由此得基础剖面示意图，如图 2.9 所示。

3. 求地基承载力特征值 f_a

根据黏土 $e=0.58$，$I_L=0.78$，查表 2.6 得 $\eta_b=0.3$，$\eta_d=1.6$。

基底以上土的加权平均重度为

$$\gamma_m=\frac{18\times0.5+20\times1+(20-10)\times0.2+9.4\times0.5}{2.2}=16.23\text{kN/m}^3$$

持力层承载力特征值 f_a（先不考虑对基础宽度修正）为

$$f_a=f_{ak}+\eta_d\gamma_m(d-0.5)=180+1.6\times16.23\times(2.2-0.5)=224.15\text{kPa}$$

上式 d 按室外地面算起。

4. 初步选择基底尺寸

取柱底荷载标准值：$F_k=1534\text{kN}$，$M_k=335\text{kN}\cdot\text{m}$，$V_k=109\text{kN}$。

计算基础和回填土重 G_k 时的基础埋置深度为

$$d=\frac{1}{2}(2.2+2.65)=2.425\text{m}$$

基础底面积为

$$A_0=\frac{F_k}{f_a-\gamma_G d}=\frac{1534}{224.15-0.7\times10-1.725\times20}=8.40\text{m}^2$$

由于偏心不大，基础底面积按 20%增大，即

$$A=1.2A_0=1.2\times8.40=10.08\text{m}^2$$

初步选定基础底面面积 $A=lb=3.6\times2.8=10.08\text{m}^2$，且 $b=2.8\text{m}<3\text{m}$ 不需要再对 f_a 进行修正。

5. 验算持力层地基承载力

基础和回填土重为

$$G_k=\gamma_G dA=(0.7\times10+1.725\times20)\times10.08=418.32\text{kN}$$

偏心距为

$$e_k=\frac{M_k}{F_k+G_k}=\frac{335+109\times0.8}{1534+418.32}=0.216\text{m}<\frac{l}{6}=0.6\text{m}$$

$p_{kmin}>0$，满足要求。

基底最大压力：

$$p_{kmax}=\frac{F_k+G_k}{A}\left(1+\frac{6e_k}{l}\right)$$

$$=\frac{1534+418.32}{10.08}\times\left(1+\frac{6\times0.216}{3.6}\right)$$

$$=263.4\text{kPa}<1.2f_a(=268.97\text{kPa})$$

所以，最后确定基础底面面积长 3.6m，宽 2.8m。

6. 计算基底净反力

取柱底荷载效应基本组合设计值：$F=1995\text{kN}$，$M=425\text{kN}\cdot\text{m}$，$V=142\text{kN}$。

净偏心距为

$$e_{n0}=\frac{M}{N}=\frac{425+142\times0.8}{1995}=0.27\text{m}$$

基础边缘处的最大和最小净反力为

$$p_{\text{nmin}}^{\text{nmax}}=\frac{F}{lb}\left(\frac{1\pm6e_{n0}}{l}\right)=\frac{1995}{3.6\times2.8}\times\left(1\pm\frac{6\times0.27}{3.6}\right)=\begin{matrix}286.98\text{kPa}\\108.85\text{kPa}\end{matrix}$$

7. 基础高度（采用阶梯形基础）

柱边基础截面抗冲切验算（见图 2.10）。

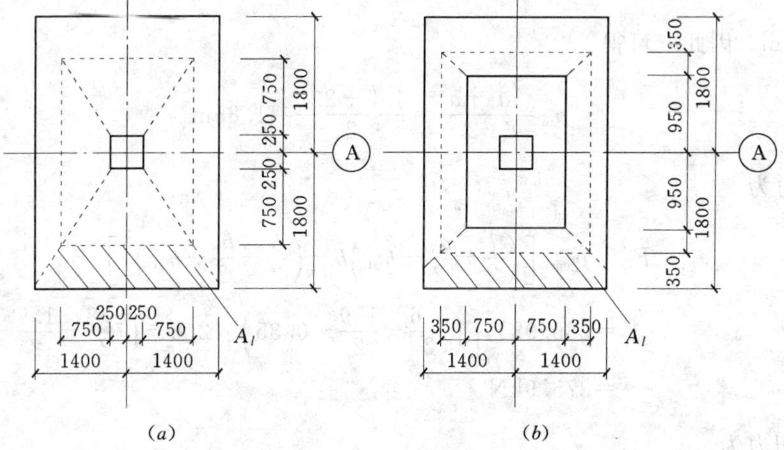

图 2.10　冲切验算简图

（a）柱下冲切；（b）变阶处冲切

$l=3.6\text{m}$，$b=2.8\text{m}$，$a_t=b_c=0.5\text{m}$，$a_c=0.5\text{m}$。初步选定基础高度 $h=800\text{mm}$，分两个台阶，每阶高度均为 400mm。$h_0=800-(40+10)=750\text{mm}$（有垫层），则

$$a_b=a_t+2h_0=0.5+2\times0.75=2\text{m}<b=2.8\text{m}$$

取 $a_b=2\text{m}$。因此，可得

$$a_m=\frac{a_t+a_b}{2}=\frac{500+2000}{2}=1250\text{mm}$$

因偏心受压，p_n 取 $p_{nmax}=286.98\text{kPa}$，所以冲切力为

$$F_l=p_{nmax}\left[\left(\frac{l}{2}-\frac{a_c}{2}-h_0\right)b-\left(\frac{b}{2}-\frac{b_c}{2}-h_0\right)^2\right]$$

$$=286.98\times\left[\left(\frac{3.6}{2}-\frac{0.5}{2}-0.75\right)\times2.8-\left(\frac{2.8}{2}-\frac{0.5}{2}-0.75\right)^2\right]$$

$$=596.92\text{kN}$$

抗冲切力为

$$0.7\beta_{hp}f_ta_mh_0=0.7\times1.0\times1.27\times10^3\times1.25\times0.75$$

$$=833.44\text{kN}>596.92\text{kN}$$

满足要求。

8. 变阶处抗冲切验算

由于有

$$a_t=b_1=1.5\text{m}，a_1=1.9\text{m}，h_{01}=400-50=350\text{mm}$$

所以

$$a_b=a_t+2h_{01}=1.5+2\times0.35=2.2\text{m}<b=2.8\text{m}$$

取 $a_b=2.2\text{m}$。因此，可得

$$a_m=\frac{a_t+a_b}{2}=\frac{1.5+2.2}{2}=1.85\text{m}$$

冲切力为

$$F_l=p_{nmax}\left[\left(\frac{l}{2}-\frac{a_1}{2}-h_{01}\right)b-\left(\frac{b}{2}-\frac{b_1}{2}-h_{01}\right)^2\right]$$

$$=286.98\times\left[\left(\frac{3.6}{2}-\frac{1.9}{2}-0.35\right)\times2.8-\left(\frac{2.8}{2}-\frac{1.5}{2}-0.35\right)^2\right]$$

$$=375.9\text{kN}$$

抗冲切力为

$$0.7\beta_{hp}f_ta_mh_{01}=0.7\times1.0\times1.27\times10^3\times1.85\times0.35$$

$$=275.6\text{kN}>375.9\text{kN}$$

满足要求。

9. 配筋计算

配筋计算，如图 2.6 所示。

选用 HPB235 级钢筋，$f_y=210\text{N/mm}^2$。

(1) 基础长边方向。对于Ⅰ—Ⅰ截面（柱边），柱边净反力为

$$p_{n\text{I}}=p_{nmin}+\frac{l+a_c}{2l}(p_{nmax}-p_{nmin})$$

$$=108.85+\frac{3.6+0.5}{2\times3.6}\times(286.98-108.85)$$
$$=210.28\text{kPa}$$

悬臂部分净反力平均值为

$$\frac{1}{2}(p_{\text{nmax}}+p_{\text{n I}})=\frac{1}{2}\times(286.98+210.29)=248.64\text{kPa}$$

弯矩为

$$M_{\text{I}}=\frac{1}{24}\left(\frac{p_{\text{nmax}}+p_{\text{n I}}}{2}\right)(l-a_c)^2(2b+b_c)$$
$$=\frac{1}{24}\times248.64\times(3.6-0.5)^2\times(2\times2.8+0.5)$$
$$=607.3\text{kN}\cdot\text{m}$$
$$A_{\text{s I}}=\frac{M_{\text{I}}}{0.9f_yh_0}=\frac{607.3\times10^6}{0.9\times210\times750}=4284.3\text{mm}^2$$

对于Ⅲ—Ⅲ截面（变阶处），有

$$p_{\text{nⅢ}}=p_{\text{nmin}}+\frac{l+a_1}{2l}(p_{\text{nmax}}-p_{\text{nmin}})$$
$$-108.85+\frac{3.6+1.9}{2\times3.6}\times(286.98-108.85)$$
$$=244.92\text{kPa}$$
$$M_{\text{Ⅲ}}=\frac{1}{24}\left(\frac{p_{\text{nmax}}+p_{\text{nⅢ}}}{2}\right)(l-a_1)^2(2b+b_1)$$
$$=\frac{1}{24}\times\frac{286.98+244.92}{2}\times(3.6-1.9)^2\times(2\times2.8+1.5)$$
$$=227.4\text{kN}\cdot\text{m}$$
$$A_{\text{sⅢ}}=\frac{M_{\text{Ⅲ}}}{0.9f_yh_{01}}=\frac{227.4\times10^6}{0.9\times210\times360}=3342\text{mm}^2$$

比较 $A_{\text{s I}}$ 和 $A_{\text{sⅢ}}$，应按 $A_{\text{s I}}$ 配筋，实际配 22 Φ 16 @140，则钢筋根数为

$$n=\frac{2800}{140}+1=21$$

$$A_s=201.1\times21=4223\text{mm}^2\approx4284\text{mm}^2$$

(2) 基础短边方向。因为该基础受单向偏心荷载作用，所以，在基础短边方向的基底反力可按均匀分布计算，取

$$p_n=\frac{1}{2}(p_{\text{nmax}}+p_{\text{nmin}})=\frac{1}{2}\times(286.98+108.85)=197.92\text{kPa}$$

与长边方向的配筋计算方法相同，可得Ⅱ—Ⅱ截面（柱边）的计算配筋值 $A_{s\text{II}}$ = 2369.66mm²，Ⅳ—Ⅳ截面（变阶处）的计算配筋值 A_s = 1917.16mm²。因此按 $A_{s\text{II}}$ 在短边方向配筋，实际配Φ 12@180。钢筋根数为

$$n=\frac{3600}{180}+1=21$$

$$A_s=113.1\times21=2375\text{mm}^2>2369.66\text{mm}^2$$

10. 基础配筋大样图

基础配筋大样图如图 2.11 所示。

11. 确定Ⓑ、Ⓒ两轴柱子基础底面尺寸

由柱下独立基础课程设计任务书得：9 号题Ⓑ、Ⓒ两柱子基底荷载分别如下。

Ⓑ轴：$F_k=2140\text{kN}$，$M_k=288\text{kN}\cdot\text{m}$，$V_k=113\text{kN}$。

Ⓒ轴：$F_k=1677\text{kN}$，$M_k=402\text{kN}\cdot\text{m}$，$V_k=106\text{kN}$。

由前面计算得持力层承载力特征值 $f_a=224.15\text{kPa}$，计算基础和回填土重 G_k 时的基础埋深 $d=2.425\text{m}$，Ⓑ轴基础底面积为

$$A_0=\frac{F_k}{f_a-\gamma_G d}=\frac{2140}{224.15-0.7\times10-1.725\times20}=11.72\text{m}^2$$

基础底面积按 20%增大，即

$$A=1.2A_0=1.2\times11.72=14.06\text{m}^2$$

初步选定基础底面面积为 $A=lb=4.8\times3.0=14.4\text{m}^2$（$>14.06\text{m}^2$），且 $b=3\text{m}$，不需要再对 f_a 进行修正。

Ⓒ轴基础底面积为

$$A_0=\frac{F_k}{f_a-\gamma_G d}=\frac{1677}{224.15-0.7\times10-1.725\times20}=9.18\text{m}^2$$

基础底面积按 20%增大，即

$$A=1.2A_0=1.2\times9.18=11.02\text{m}^2$$

初步选定基础底面面积 $A=lb=3.8\times3.0=11.4\text{m}^2>11.02\text{m}^2$，且 $b=3\text{m}$，不需要再对 f_a 进行修正。

12. Ⓑ、Ⓒ两轴持力层地基承载力验算

Ⓑ、Ⓒ两轴持力层地基承载力验算此处从略，不再详述。

13. 设计图纸

根据以上的计算，可以绘制出基础平面布置图和Ⓐ轴柱子基础大样图（见图 2.11）。

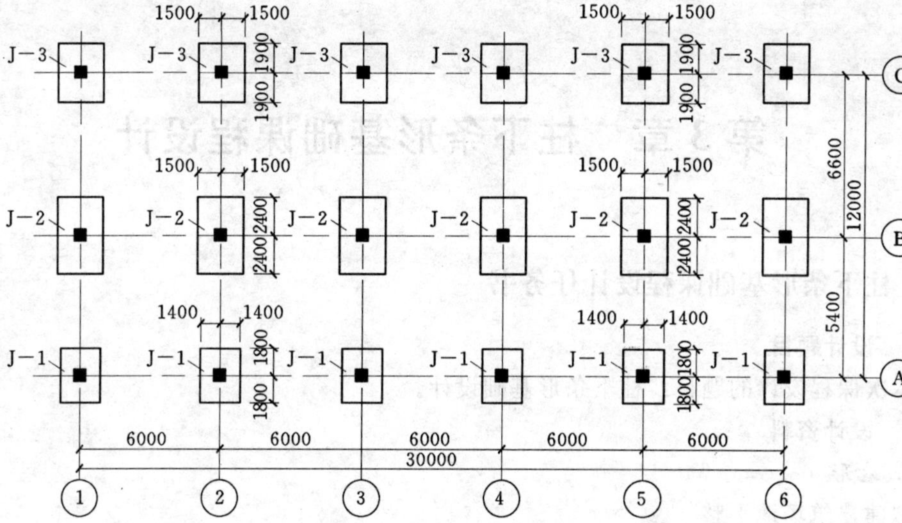

基础平面图

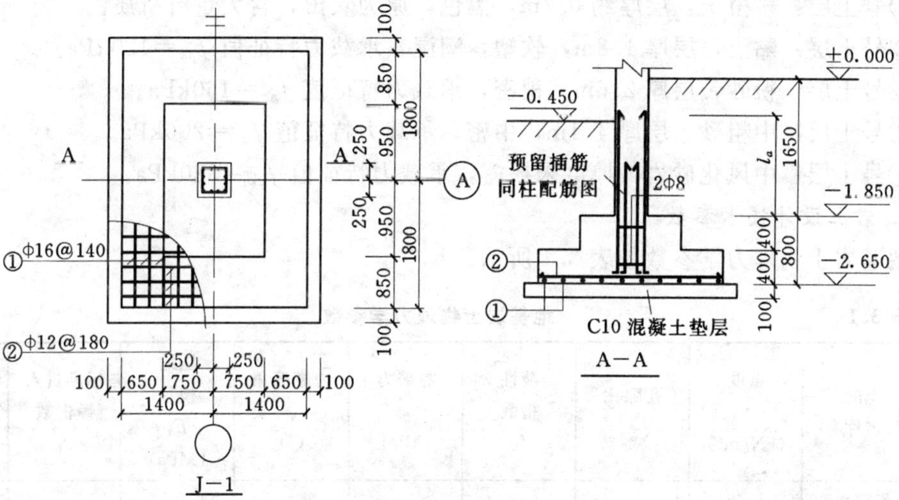

J—1

A—A

设计说明：

1. ±0.000 相当于绝对标高见建筑图。
2. 本工程持力层选用③号土层，地基承载力特征值 $f_{ak}=180\text{kPa}$。
3. 基坑开挖后需通知甲方及勘察单位验槽，符合要求后方可施工垫层。
4. 材料：混凝土 C25，钢筋 HPB235。
5. 保护层：40mm。
6. 垫层做法：混凝土 C10，厚 100mm，出基础边 100mm。

图 2.11 基础施工图

第 3 章　柱下条形基础课程设计

3.1　柱下条形基础课程设计任务书

3.1.1　设计题目

本次课程设计的题目：柱下条形基础设计。

3.1.2　设计资料

1. 地形

拟建建筑场地平整。

2. 工程地质条件

自上而下土层依次如下：

①号土层：耕植土，层厚约 0.7m，黑色，原为农田，含大量有机质。

②号土层：黏土，层厚 1.8m，软塑，潮湿，承载力特征值 $f_{ak}=120$kPa。

③号土层：粉砂，层厚 2.6m，稍密，承载力特征值 $f_{ak}=160$kPa。

④号土层：中粗砂，层厚 4.1m，中密，承载力特征值 $f_{ak}=200$kPa。

⑤号土层：中风化砂岩，厚度未揭露，承载力特征值 $f_{ak}=320$kPa。

3. 岩土设计技术参数

地基岩土物理力学参数如表 3.1 所示。

表 3.1　　地基岩土物理力学参数

土层编号	土的名称	重度 γ (kN/m³)	孔隙比 e	液性指数 I_L	黏聚力 c (kPa)	内摩擦角 φ (°)	压缩模量 E_s (MPa)	标准贯入锤击数 N	承载力特征值 f_{ak} (kPa)
①	耕植土	17.6							
②	黏土	18.4	0.84	0.81	22	17	6.5	4	120
③	粉砂	19.5				26.5	7.1	12	160
④	中粗砂	20				30	8.2	16	200
⑤	中风化砂岩	22							320

4. 水文地质条件

(1) 拟建场区地下水对混凝土结构无腐蚀性。

(2) 地下水位深度：位于地表下 0.9m。

5. 上部结构资料

拟建建筑物为全现浇多层框架结构，框架柱截面尺寸为 400mm×400mm。室外地坪标高同自然地面，室内外高差 450mm。柱网布置如图 3.1 所示。

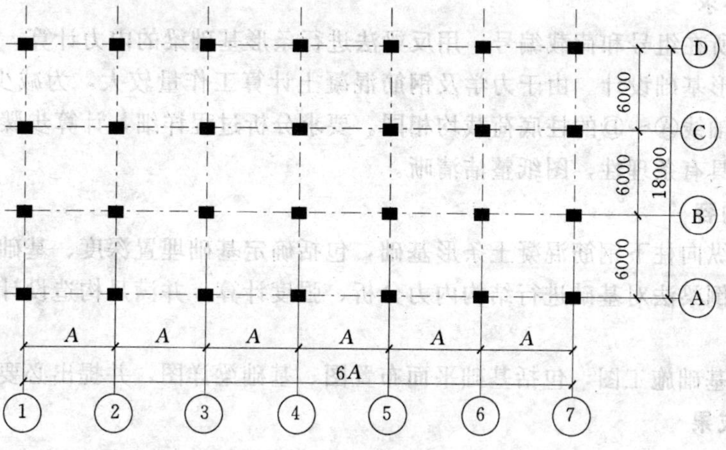

图 3.1 柱网平面图

其中纵向尺寸为 $6A$，横向尺寸为 18m，A 值分别取以下几组：

$A_1=5400\text{mm}$，$A_2=5700\text{mm}$，$A_3=6000\text{mm}$，$A_4=6300\text{mm}$，$A_5=6600\text{mm}$

6. 上部结构作用

上部结构作用在柱底的竖向荷载效应标准组合值如表 3.2 所示，上部结构作用在柱底的荷载效应基本组合值如表 3.3 所示。

表 3.2 柱底竖向荷载效应标准组合值 单位：kN

荷载编号	1	2	3	4	5
N_{1k}	1280	1450	1730	2090	2320
N_{2k}	1060	1150	1520	1860	2130

注 N_{1k}为轴线②～⑥柱底竖向荷载标准组合值；N_{2k}为轴线①、⑦柱底竖向荷载标准组合值。

表 3.3 柱底竖向荷载效应基本组合值 单位：kN

荷载编号	1	2	3	4	5
N_1	1728	1960	2340	2820	3130
N_2	1430	1550	2052	2511	2870

注 N_1 为轴线②～⑥柱底竖向荷载基本组合值；N_2 为轴线①、⑦柱底竖向荷载基本组合值。

7. 材料

混凝土强度等级为 C25～C30，钢筋采用 HPB235、HRB335、HRB400 级。

3.1.3 设计分组

根据以上所给资料及学生人数，可将学生划分为若干个组。分组示意如下：

第 1 组，共 5 人，柱网尺寸分别为 A_1—A_5，基础持力层选用②号土层，荷载编号为 1 号。

第 2 组，共 5 人，柱网尺寸分别为 A_1—A_5，基础持力层选用③号土层，荷载编号为 3 号。

第 3 组，共 5 人，柱网尺寸分别为 A_1—A_5，基础持力层选用③号土层，荷载编号为 5 号。

3.1.4 设计要求

每人根据所在组号和荷载编号，用反梁法进行条形基础梁的内力计算，完成纵向柱下钢筋混凝土条形基础设计。由于力学及钢筋混凝土计算工作量较大，为减少重复性计算，假定四条纵向轴线Ⓐ～Ⓓ的柱底荷载均相同。要求分析过程详细，计算步骤完整，设计说明书的编写应具有条理性，图纸整洁清晰。

3.1.5 设计内容

(1) 设计纵向柱下钢筋混凝土条形基础，包括确定基础埋置深度、基础底面尺寸、基础梁高度，用倒梁法对基础进行结构内力分析、强度计算，并满足构造设计要求，编写设计计算书。

(2) 绘制基础施工图，包括基础平面布置图、基础梁详图，并提出必要的技术说明。

3.1.6 设计成果

1. 设计计算书

设计计算书包括以下内容：

(1) 确定地基持力层和基础埋置深度。

(2) 根据上部结构传来的荷载和地基承载力确定基础底面尺寸。

(3) 基础底板按单向悬臂板计算，确定基础底板厚度并配筋。

(4) 用反梁法进行条形基础梁的内力分析计算，根据正截面承载力验算确定基础梁纵向钢筋，根据斜截面承载力验算配置基础梁箍筋。

2. 设计图纸

设计图纸包括以下内容：

(1) 基础平面布置图。

(2) 基础梁详图。

(3) 设计说明。

3.1.7 参考资料

(1) 赵明华，《土力学与基础工程》(第 2 版)，武汉理工大学出版社，2003。

(2) 吴培明，《混凝土结构（上）》(第 2 版)，武汉理工大学出版社，2003。

(3)《建筑结构荷载规范》(GB 50009—2001)，中国建筑工业出版社，2002。

(4)《建筑地基基础设计规范》(GB 50007—2002)，中国建筑工业出版社，2002。

(5)《混凝土结构设计规范》(GB 50010—2002)，中国建筑工业出版社，2002。

3.2 柱下条形基础课程设计指导书

3.2.1 条形基础的形式及适用范围

1. 形式

条形基础是指布置成单向条状的钢筋混凝土基础，由单根梁或交叉梁及其伸出的底板所组成。其上部各片框架结构由条形基础连接成整体（见图 3.2)。

2. 适用范围

作为建筑物的基础，它不仅要承受上部结构通过柱子传下来的荷载，而且还需要将这些荷载传到地基上，同时必须使上部结构满足设计和使用要求。通常，在以下情况下宜采用条形基础：

(1) 多层与高层建筑，或上部结构传下的荷载较大，地基土的承载力较低，采用各种形式的单独基础不能满足设计要求时。

(2) 当采用单独基础所需的底面积由于邻近建筑物或设备基础的限制而无法扩展时。

(3) 地基土质变化较大或局部有不均匀的软弱地基需作地基处理时。

(4) 各柱荷载差异过大，会引起基础之间较大的相对沉降差异时。

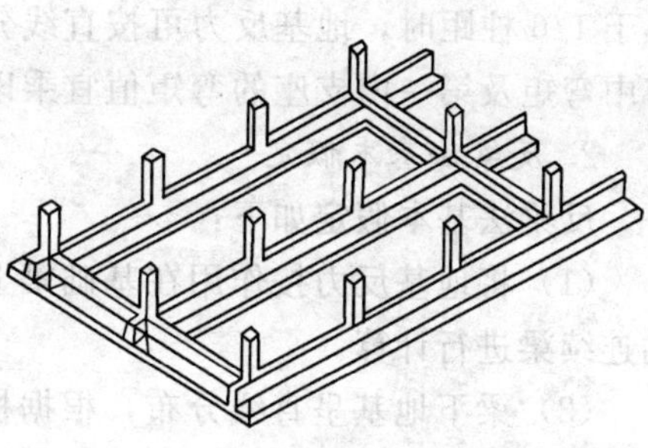

图 3.2　条形基础示意图

(5) 需要增加基础的刚度，以减少地基变形，防止过大的不均匀沉降量时。

3. 截面类型

根据柱子的数量、基础的剖面尺寸、上部荷载大小与分布以及结构刚度等情况，柱下条形基础可分别采用以下两种形式：

(1) 等截面条形基础。这类基础的横截面通常呈倒 T 形，底部挑出部分为翼板，其余部分为肋部。

(2) 局部扩大条形基础。这类基础的横截面在与柱交接处局部加高或扩大，以适应柱与基础梁的荷载传递和牢固联结。

3.2.2　设计要点

3.2.2.1　基础底面面积 A

柱下条形基础可视为一狭长的矩形基础进行计算，即

$$A=LB\geqslant\frac{\sum N_{ik}}{f_a-\gamma_G d}$$

式中　A——条形基础底面面积，m^2；

L——条形基础长度，m；

B——条形基础宽度，由上部荷载与地基承载力确定，m；

$\sum N_{ik}$——作用在条形基础上的柱底荷载标准组合值之和，kN；

f_a——修正后的地基承载力特征值，kPa；

γ_G——基础及回填土的平均重度，一般取 $20kN/m^3$，地下水位以下取 $10kN/m^3$；

d——基础埋置深度，m。

3.2.2.2　条形基础的内力计算

条形基础的计算方法很多，但归纳起来，只有反梁法和弹性地基梁法两种。

采用弹性地基梁法计算基础梁时，计算比较麻烦，计算工作量大。此外，由于地基土性质复杂多变，无论采用文克尔假定或是半无限弹性体假定，均不能很好地反映地基的实际情况，计算结果往往与实际情况有出入。因此在中小型工程中，为便于计算，多采用反梁法进行简化计算。

本次课程设计采用反梁法进行条形基础梁的内力计算，因此仅介绍反梁法。

1. 反梁法适用条件

在比较均匀的地基上，上部结构刚度较好，荷载分布较均匀，且条形基础梁的高度不

小于 1/6 柱距时，地基反力可按直线分布，条形基础梁的内力可按连续梁计算，此时边跨跨中弯矩及第一内支座的弯矩值宜乘以 1.2 的系数。

2. 反梁法基本假定

反梁法基本假定如下：

(1) 将地基反力按作用在基础梁上的荷载，把柱子看作是基础梁的支座，作为一倒置的连续梁进行计算。

(2) 梁下地基呈直线分布，根据柱子传到梁上的荷载，利用平衡条件，即可求得地基反力的分布。

(3) 竖向荷载的合力重心必须与基础的形心重合，两者的偏心矩以不大于基础长度的 3%为宜。

(4) 当呈现对称荷载和对称基础时，地基反力为均匀分布。

(5) 基础底板按悬臂板计算，如横向有弯矩时地基反力以悬臂外伸部分的净反力值计算。

3.2.2.3　计算步骤

1. 绘制计算简图

绘出条形基础梁的计算简图，包括荷载、尺寸等 [见图 3.3 (*a*)]。

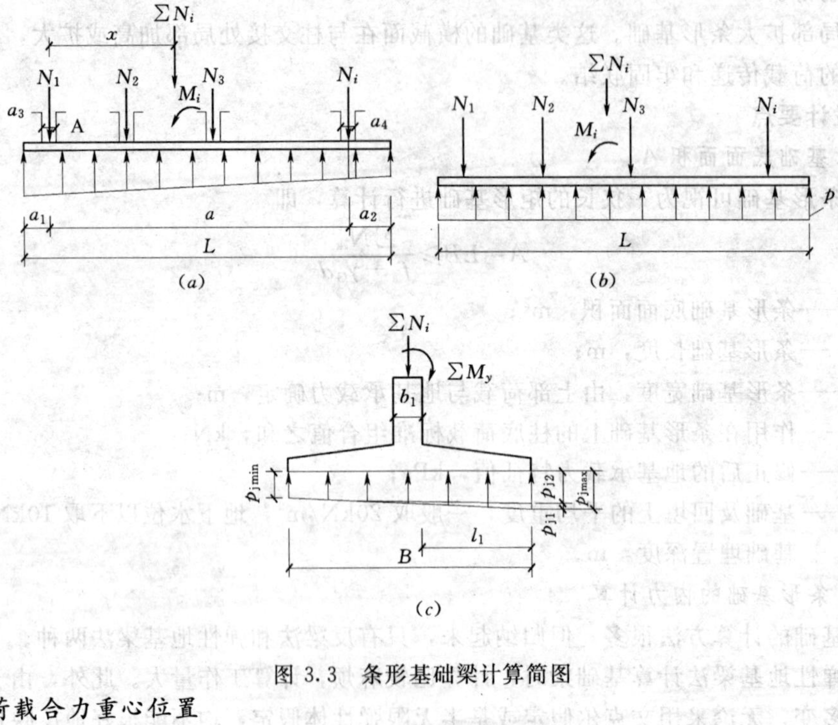

图 3.3　条形基础梁计算简图

2. 荷载合力重心位置

以 $\sum M_A=0$，求荷载合力重心位置，将偏心地基反力变为均布地基反力，则

$$x=\frac{\sum N_{ik}x_i+\sum M_{ik}}{\sum N_{ik}}$$

式中　N_{ik}——第 i 根柱子作用在条形基础上的竖向荷载标准值，kN；

M_{ik}——第 i 根柱子作用在条形基础上的纵向弯矩标准值，kN·m。

可按以下方法确定基础梁的长度及其悬臂尺寸：

当 $x\geqslant\frac{a}{2}$ 时：

$$L=2x+a_3,\quad a_2=2x-a+\frac{a_3}{2}$$

当 $x<\frac{a}{2}$ 时：

$$L=2(a-x)+a_4,\quad a_1=\frac{a}{2}-x$$

使荷载重心与基础形心重合，即图 3.3（a）变为图 3.3（b），作为计算简图。

3. 底板宽度

已知长度 L 后，由基础底面积可求出底板宽度 B 为

$$B\geqslant\frac{A}{L}=\frac{1}{L}\frac{\sum N_{ik}}{f_a-\gamma_G d}$$

式中　$\sum N_{ik}$——作用在条形基础上的柱底荷载标准值之和，kN；

f_a——修正后地基承载力特征值，kPa；

γ_G——基础及回填土平均重度，kN/m^2；

d——基础埋置深度，m。

4. 最大和最小净反力设计值

根据底板宽度 B，可计算横向基础边缘的最大和最小净反力设计值［见图 3.3(c)］为

$$p_{jmin}^{jmax}=\frac{\sum N_i}{BL}\left(1\pm\frac{6e}{B}\right)$$

其中 $$e=\frac{\sum M_{iy}}{\sum N_i}\ （要求不大于\frac{b}{6}）$$

式中　e——基底净反力的偏心矩，m；

$\sum N_i$——作用在条形基础上的柱底荷载设计值之和，kN；

$\sum M_{iy}$——作用在条形基础上的柱底横向弯矩设计值之和，kN·m。

5. 弯矩与剪力

首先求出基础底板悬臂的地基平均净反力［见图 3.3(c)］，再计算弯矩、剪力。

弯矩为

$$M=\left(\frac{p_{j1}}{3}+\frac{p_{j2}}{2}\right)l_1^2$$

剪力为

$$V=\left(\frac{p_{j1}}{2}+p_{j2}\right)(B-b_1)/2$$

其中 $$p_{j1}=p_{jmax}-p_{j2}$$

式中　p_{j2}——梁边净反力，kN/m；

p_{j1}——最大地基净反力 p_{jmax} 与梁边净反力 p_{j2} 之差。

6. 确定基础底板厚度并配筋

（1）基础底板厚度：柱下钢筋混凝土条形基础底板属不配置箍筋和弯起钢筋的受弯构件，应满足混凝土的抗剪切条件，即

$$V \leqslant 0.7\beta_h f_t h_0$$

或
$$h_0 \geqslant \frac{V}{0.7\beta_h f_t}$$

其中
$$\beta_h = (800/h_0)^{1/4}$$

式中　f_t——混凝土轴心抗拉强度设计值，N/mm^2；

h_0——基础底板有效高度，mm，即基础底板厚减去钢筋保护层（有垫层 40mm，无垫层 70mm）和 1/2 倍的钢筋直径；

β_h——截面高度影响系数，当 $h_0 < 800mm$ 时取 $h_0 = 800mm$，当 $h_0 > 2000mm$ 时取 $h_0 = 2000mm$。

（2）基础底板配筋：应符合《混凝土结构设计规范》（GB 50010—2002）正截面受弯承载力计算公式，也可按简化矩形截面单筋板，按下式进行简化计算：

$$A_s = \frac{M}{0.9h_0 f_y}$$

式中　A_s——每 1m 长基础底板受力钢筋截面面积，mm^2；

f_y——钢筋抗拉强度设计值，N/mm^2。

7. 基础梁的内力分析

反梁法中常采用多跨连续梁弯矩系数法和剪力平衡法进行基础梁的内力分析，这里仅介绍常用的多跨连续梁弯矩系数法。

在一般情况下，如地基土质较为均匀，基础的绝对和相对沉降量较小，上部结构刚度较好，柱距近似相等，内柱荷载相同时，可近似地按多跨连续梁弯矩系数法计算柱下条形基础。

采用此法计算，各跨的弯矩和剪力，可直接从多跨连续梁内力系数表中查得相应的系数计算（超过五跨可以按五跨计算）。其值如表 3.4 所示。

表 3.4　连续梁内力系数

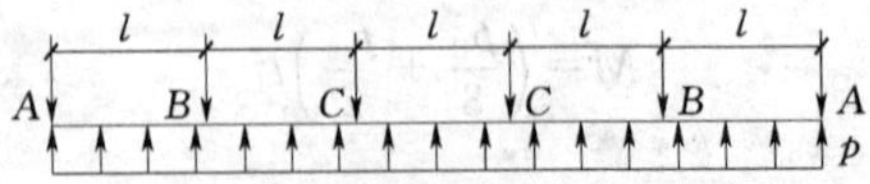

M=表中系数×pl^2

V=表中系数×pl

支座弯矩		跨中弯矩			剪力				
M_B	M_C	M_{AB}	M_{BC}	M_{CC}	V_A	$V_B^{左}$	$V_B^{右}$	$V_C^{左}$	$V_C^{右}$
+0.105	+0.079	−0.078	−0.033	−0.046	−0.395	+0.606	−0.526	+0.474	−0.500

悬臂梁在地基净反力作用下的弯矩，可全由悬臂梁承受，不传递给其他各跨；也可考虑其对各跨连续梁的影响，然后两者叠加得最后弯矩。

此时，边跨跨中弯矩 M_{AB} 及第一内支座的弯矩 M_B 宜乘以 1.2 的放大系数。

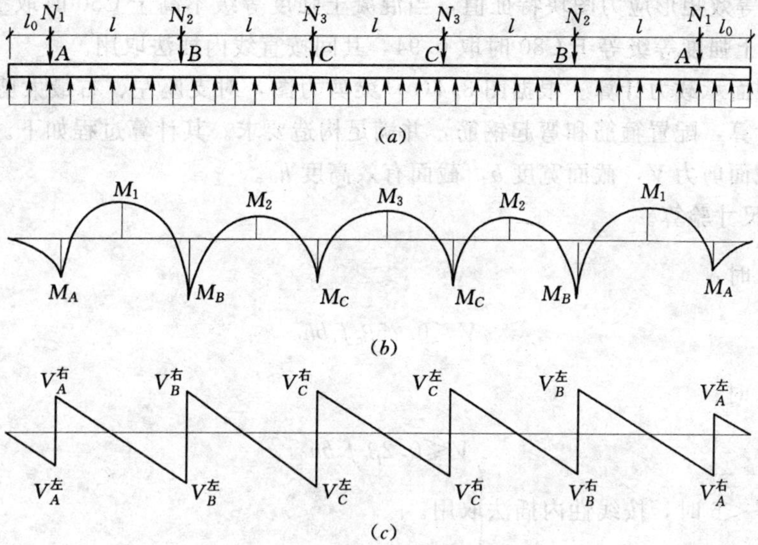

图 3.4　基础梁荷载、弯矩、剪力图

(a) 荷载；(b) 弯矩；(c) 剪力

8. 基础梁配筋计算

(1) 正截面承载力计算。根据图 3.4(b) 梁弯矩图，对各支座、跨中分别按矩形、T 形截面进行正截面承载力计算，配置纵向钢筋，并满足构造要求。其计算过程如下。

已知各截面弯矩 M，截面宽度 b，截面有效高度 h_0，则有

$$\xi=1-\sqrt{1-\frac{M}{0.5\alpha_1 f_c bh_0^2}}$$

同时须满足下式：

$$\xi\leqslant\xi_b$$

所需纵向钢筋面积为

$$A_s=\frac{\alpha_1 f_c bh_0\xi}{f_y}$$

且

$$A_s\geqslant\rho_{min}bh\text{（对于条形基础，一般都能满足）}$$

式中　ξ_b——相对界限受压区高度；

ξ——相对受压区高度；

f_c——混凝土轴心抗压强度设计值，N/mm^2；

f_y——纵向钢筋抗拉强度设计值，N/mm²；

ρ_{min}——纵向钢筋最小配筋百分率，取 0.2 和 $45f_t/f_y$ 中的较大值，f_t 为混凝土轴心抗拉强度设计值，N/mm²；

α_1——等效矩形应力图块特征值，当混凝土强度等级不高于 C50 时取 1.0，当混凝土强度等级等于 C80 时取 0.94，其间按直线内插法取用。

（2）斜截面承载力计算。根据图 3.4(c) 梁剪力图，对支座左、右最大剪力处进行斜截面承载力计算，配置箍筋和弯起钢筋，并满足构造要求。其计算过程如下。

已知各截面剪力 V，截面宽度 b，截面有效高度 h_0。

1）截面尺寸验算。

当$\frac{h_w}{b}\leqslant 4$时：

$$V\leqslant 0.25\beta_c f_c b h_0$$

当$\frac{h_w}{b}\geqslant 6$时：

$$V\leqslant 0.2\beta_c f_c b h_0$$

当$4<\frac{h_w}{b}<6$时，按线性内插法取用。

式中 V——基础梁计算斜截面上的剪力设计值，kN；

f_c——混凝土轴心抗压强度设计值，N/mm²；

β_c——混凝土强度影响系数，当混凝土强度等级不超过 C50 时取 $\beta_c=1.0$，当混凝土强度等级为 C80 时取 $\beta_c=0.8$，其间按线性内插法取用；

b——矩形截面的宽度、T 形截面的腹板宽度，m；

h_w——截面的腹板高度，m，矩形截面取有效高度 h_0，T 形截面取有效高度减去翼缘高度。

2）斜截面抗剪计算。

仅配置箍筋时：

$$V\leqslant 0.7f_t b h_0+1.25f_{yv}\frac{A_{sv}}{s}h_0$$

既配箍筋又配弯起钢筋时：

$$V\leqslant 0.7f_t b h_0+1.25f_{yv}\frac{A_{sv}}{s}h_0+0.8f_y A_{sb}\sin\alpha_s$$

其中

$$A_{sv}=nA_{sv1}$$

式中 V——基础梁计算斜截面上的剪力设计值，kN；

f_t——混凝土抗拉强度设计值，N/mm²；

f_{yv}——箍筋抗拉强度设计值，N/mm²；

A_{sv}——配置在同一截面内箍筋各肢的全部截面面积，mm²；

n——在同一个截面内箍筋的肢数；

A_{sv1}——单肢箍筋的截面面积；

s——沿基础梁长度方向上箍筋的间距，m；

A_{sb}——同一弯起平面内弯起钢筋的截面面积，mm^2；

f_y——弯起钢筋的抗拉强度设计值，N/mm^2；

α_s——斜截面上弯起钢筋与基础梁纵向轴线的夹角。

3）最小配箍率要求。《混凝土结构设计规范》（GB 50010—2002）规定的最小配箍率 ρ_{min} 计算如下：

当 $V \geqslant 0.7 f_t b h_0$ 时，有

$$\rho_{sv}=\frac{A_{sv}}{bs}\geqslant\rho_{svmin}=0.24\frac{f_t}{f_{yv}}$$

3.2.3 构造要求

1. 外形尺寸

基础梁高 H 宜为 $\left(\frac{1}{4}\sim\frac{1}{8}\right)l$（$l$ 为柱距）。翼板厚度 h 不小于 200mm，当翼板厚大于 250mm 时，宜采用变厚度翼板，其坡度 $i\leqslant 1:3$。

条形基础的端部宜向外伸出，其长度宜为第一跨距的 0.25 倍。

一般柱下条形基础沿纵向取等截面。当柱截面边长大于或等于肋宽时，可仅在柱位处将肋部加宽，现浇柱与条形基础梁的交接处平面尺寸不应小于图 3.5 的要求。

2. 钢筋和混凝土

（1）梁内纵向受力钢筋。宜优先选用 HRB400 钢筋，除应满足计算要求外，顶部钢筋按计算配筋全部贯通，底部纵向受力钢筋应有 2～4 根通长钢筋，且其面积不应少于底部受力钢筋截面总面积的 1/3，底部非贯通纵筋可以在跨中 1/3 处截断。

（2）梁内侧向钢筋。当基础梁的腹板高度 $h_W \geqslant 450$mm 时，在梁的两个侧面应沿高度配置纵向构造钢筋，每侧纵向构造钢筋（不包括梁上、下部受力钢筋及架立钢筋）的截面面积不应小于腹板截面面积 bh_W 的 0.1%，且间距不宜大于 200mm。

（3）箍筋。肋梁内的箍筋应做成封闭式，直径不小于 8mm；当梁宽 $b\leqslant 350$mm 时用双肢箍，当 300mm$<b\leqslant$800mm 时用四肢箍，当 $b>$800mm 时用六肢箍。

（4）底板钢筋直径不小于 10mm，间距 100～200mm。

（5）柱下条形基础的混凝土强度等级不应低于 C25。

基础垫层、钢筋保护层厚度要求同第 2 章柱下独立基础。

3.3 柱下条形基础课程设计实例

以柱下条形基础课程设计任务书中柱网尺寸 A_5＝6000mm、荷载编号 3 号、持力层选用②号土层作为实例，说明柱下条形基础的设计方法。

3.3.1 设计资料

（1）柱网尺寸 A_5＝6000mm；②号土层地基承载力特征值 f_{ak}＝120kPa。

（2）柱底的竖向荷载效应标准组合值：N_{1k}＝1730kN，N_{2k}＝1520kN。

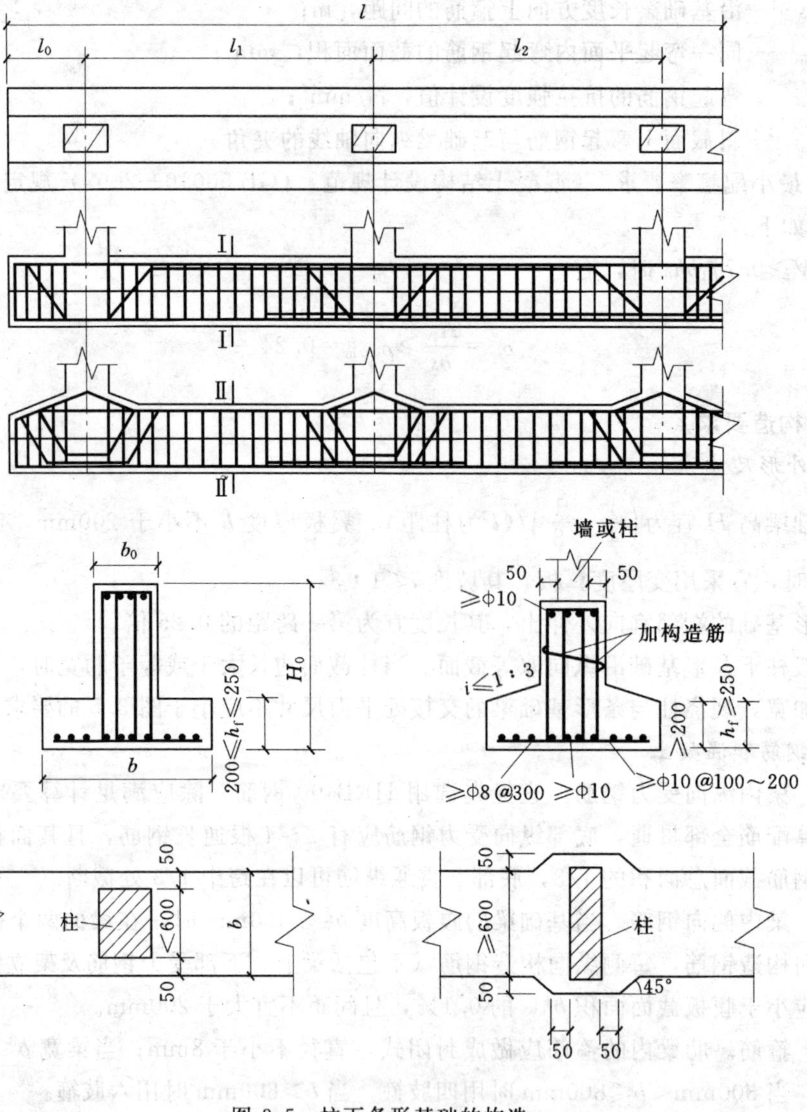

图 3.5　柱下条形基础的构造

(3) 柱底的竖向荷载效应基本组合值：$N_1=2340\text{kN}$，$N_2=2050\text{kN}$。

(4) 框架柱截面尺寸为 400mm×400mm，室外地坪标高同自然地面，室内外高差 450mm。

3.3.2　条形基础设计

1. 选择基础材料

基础采用 C30 混凝土，HPB235、HRB400 级钢筋。

2. 选择基础埋置深度

根据柱下条形基础课程设计任务书要求和工程地质资料选取。

①号土层：耕植土，层厚约 0.7m，黑色，原为农田，含大量有机质。

②号土层：黏土，层厚 1.8m，软塑，潮湿，承载力特征值 $f_{ak}=120kPa$。

③号土层：粉砂，层厚 2.6m，稍密，承载力特征值 $f_{ak}=160kPa$。

④号土层：中粗砂，层厚 4.1m，中密，承载力特征值 $f_{ak}=200kPa$。

⑤号土层：中风化砂岩，厚度未揭露，承载力特征值 $f_{ak}=320kPa$。

地下水位于地表下 0.9m。

预估基础高度为

$$h=\frac{1}{6}A_5=\frac{1}{6}\times 6000=1000mm$$

取 $h=1200mm$ [即 $\left(\frac{1}{4}\sim\frac{1}{8}\right)l$ 之间]。

本设计取②号土层为持力层，则基础埋置深度为

$$d=0.5+1.2=1.70m$$

由此得基础剖面示意图，如图 3.6 所示。

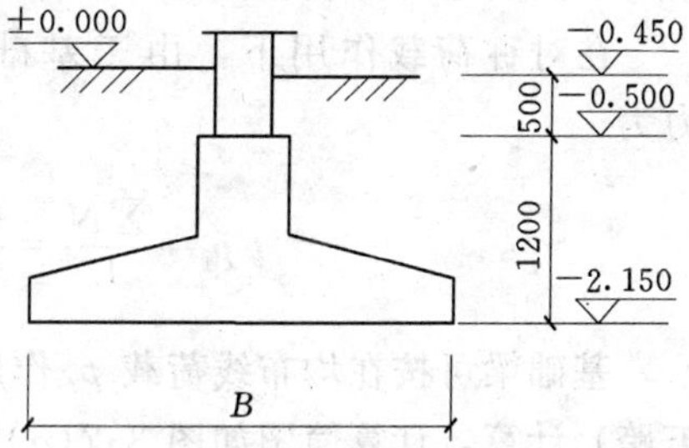

图 3.6　基础剖面示意图

3. *求地基承载力特征值 f_a*

根据②号土层黏土，$e=0.84$，$I_L=0.78$，查表 2.6 得 $\eta_b=0.3$，$\eta_d=1.6$。

基底以上土的加权平均重度为

$$\gamma_m=\frac{17.6\times 0.7+18.4\times 0.2+(18.4-10)\times 0.8}{1.7}=13.36kN/m^3$$

持力层承载力特征值 f_a（先不考虑对基础宽度修正）为

$$f_a=f_{ak}+\eta_d\gamma_m(d-0.5)=120+1.6\times 13.36\times(1.7-0.5)=145.65kPa$$

4. *初步选择基底尺寸*

取柱底荷载标准值为 $N_{1k}=1730kN$，$N_{2k}=1520kN$，计算基础和回填土重 G_k 时的基础埋置深度为

$$d=\frac{1}{2}(1.7+2.15)=1.925m$$

基础底面积为

$$A_0=\frac{\sum N_{ik}}{f_a-\gamma_G d}=\frac{5\times 1730+2\times 1520}{145.65-1.125\times 20-0.8\times 10}=\frac{11690}{115.15}=101.52m^2$$

由于是对称荷载，无偏心，故基底面积不用增大。

条形基础的端部向外伸出：

$$l_0=\frac{6.0}{3}=2.0m$$

则基础长度为

$$L=6\times6.0+2\times2.0=40.0\text{m}$$

基础宽度为

$$B\geqslant\frac{A_0}{L}=\frac{101.52}{40}=2.54\text{m}$$

取 $B=2.6\text{m}$。

5. 基础梁内力计算

取柱底竖向荷载效应基本组合值 $N_1=2340\text{kN}$，$N_2=2052\text{kN}$。

在对称荷载作用下，由于基础底面反力为均匀分布，因此单位长度地基的净反力为

$$p_j=\frac{\sum N_i}{L}=\frac{5\times2340+2\times2052}{40}=395\text{kN/m}$$

基础梁可按在均布线荷载 p_j 作用下以柱为支座的五跨等跨连续梁（超过五跨可以按五跨）计算，计算简图如图 3.7(*a*) 所示。为便于计算，把图 3.7(*a*) 分解为图 3.7(*b*) 和图 3.7(*c*) 两部分。

(1) 悬臂梁在地基净反力作用下的弯矩、剪力计算［见图 3.7(*b*)］。用弯矩分配法计算，支座 A 的固端弯矩为

$$M_A=\frac{1}{2}p_jl^2=\frac{1}{2}\times395\times2^2=790\text{kN}\cdot\text{m}$$

各支座的弯矩分配系数及计算过程如图 3.7(*b*) 所示。

支座剪力计算如下：

$$V_{A左}=p_jl=395\times2=790\text{kN}$$

$$V_{A右}=V_{B左}=\frac{M_A+M_B}{l}=\frac{790+225}{6}=169\text{kN}$$

$$V_{B右}=V_{C左}=\frac{M_B+M_C}{l}=\frac{225+56}{6}=141\text{kN}$$

可得弯矩图 M_1 及剪力图 V_1［见图 3.7(*b*)］。

(2) 五跨连续梁在均布线荷载 p_j 作用下的弯矩、剪力计算。由表 3.4 可查得各跨中、支座的弯矩、剪力系数，则

$$弯矩=弯矩系数\times p_jl^2$$

$$剪力=剪力系数\times p_jl$$

计算结果如图 3.7(*c*) 所示，可得弯矩图 M_2 及剪力图 V_2。

(3) 基础梁总弯矩、总剪力。将上述 (1)、(2) 两步所得到结果叠加，即得最终内力计算结果，如图 3.7(*d*)、(*e*) 所示。

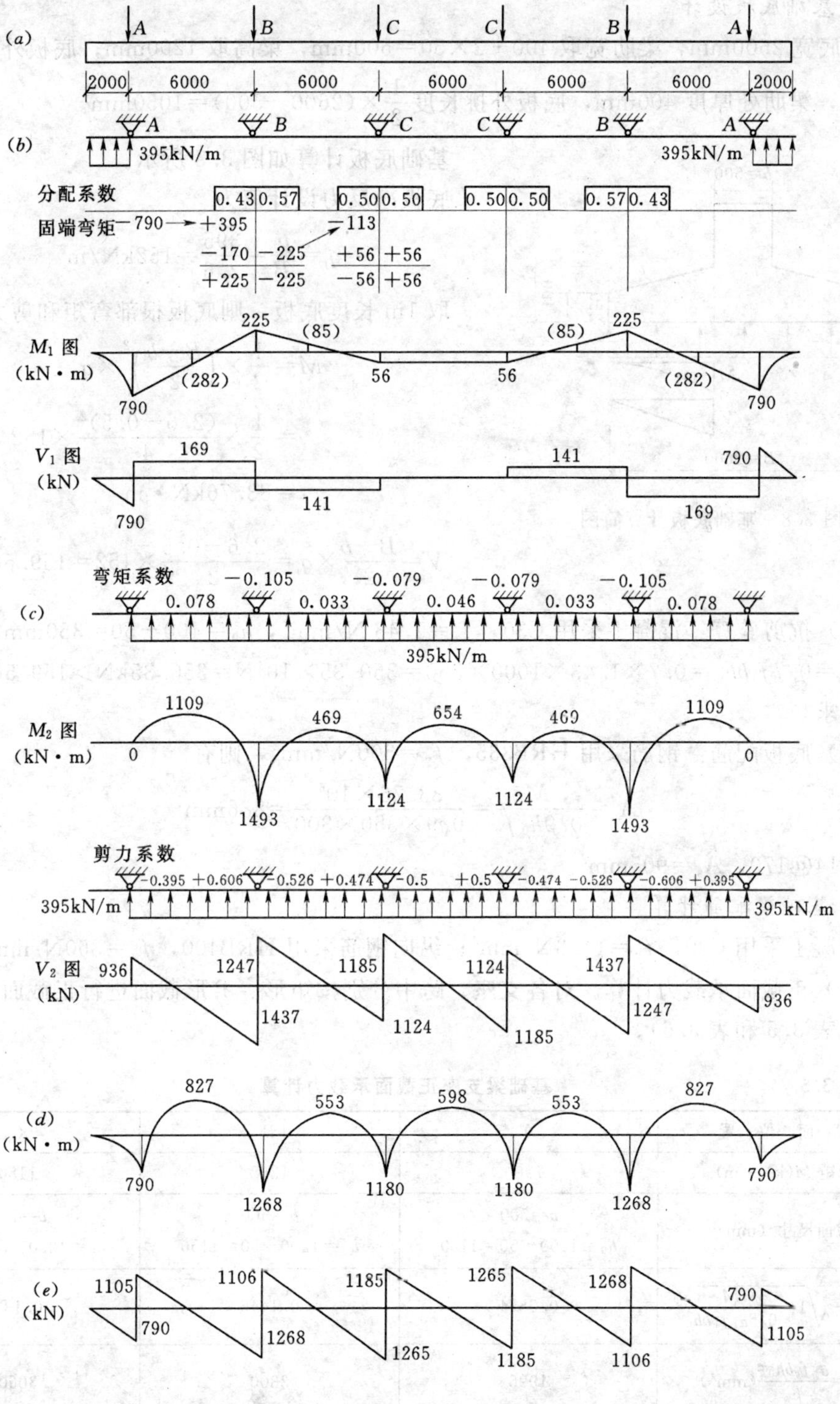

图 3.7　基础梁弯矩、剪力计算图

(*a*) 计算简图；(*b*) 悬臂端地基净反力和内力计算；(*c*) *A*—*A* 范围内地基净反力和内力计算；(*d*) M_1+M_2 图；(*e*) V_1+V_2 图

6. 基础底板设计

基底宽 2600mm，梁肋宽取 400＋2×50＝500mm，梁高取 1200mm；底板外边缘厚度 250mm，梁肋处厚度 400mm，底板外挑长度 $\frac{1}{2}\times(2600-500)=1050$mm。

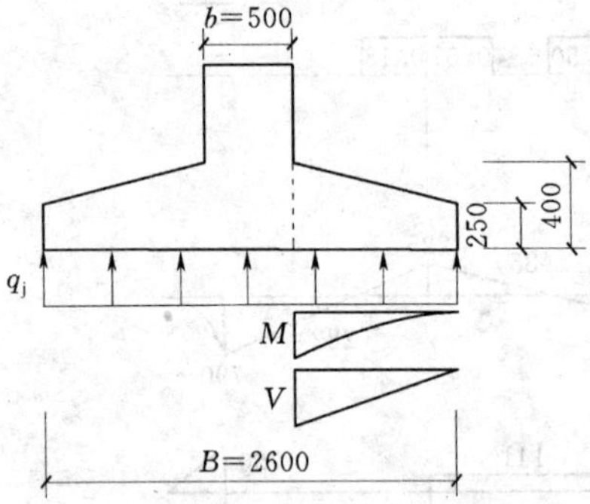

图 3.8　基础底板计算简图

基础底板计算如图 3.8 所示。

底板净反力设计值为

$$q_j=\frac{p_j}{B}=\frac{395}{2.6}=152\text{kN/m}^2$$

取 1m 长度底板，则底板根部弯矩和剪力分别为

$$M=\frac{1}{2}\times\left(\frac{B-b}{2}\right)^2\times q_j$$

$$=\frac{1}{2}\times\frac{(2.6-0.5)^2}{4}\times152$$

$$=83.76\text{kN}\cdot\text{m}$$

$$V=\frac{B-b}{2}\times q_j=\frac{2.6-0.5}{2}\times152=159.56\text{kN}$$

（1）抗剪验算：混凝土采用 C30，$f_t=1.43\ \text{N/mm}^2$，$h_0=400-50=350$mm，则有

$$V=0.7f_tbh_0=0.7\times1.43\times1000\times350=350.35\times10^3\text{N}=350.35\text{kN}>159.56\text{kN}$$

满足要求。

（2）底板配筋：钢筋采用 HRB335，$f_y=300\text{N/mm}^2$，则有

$$A_s=\frac{M}{0.9h_0f_y}=\frac{83.76\times10^6}{0.9\times350\times300}=886\text{mm}^2$$

选用Φ 14@170，$A_s=905\text{mm}^2$。

7. 基础梁配筋计算

混凝土采用 C30，$f_c=14.3\text{N/mm}^2$；纵向钢筋采用 HRB400，$f_y=360\text{N/mm}^2$。

（1）正截面承载力计算。对各支座、跨中分别按矩形、T 形截面进行正截面承载力计算（见表 3.5 和表 3.6）。

表 3.5　基础梁支座正截面承载力计算

截面位置	A	B	C
弯矩 M(kN·m)	790	1268	1180
截面尺寸（mm）	$b=500$ $h_0=1200-50=1150$	$b=500$ $h_0=1200-50=1150$	$b=500$ $h_0=1200-50=1150$
$\xi=1-\sqrt{1-\frac{M}{0.5\alpha_1f_cbh_0^2}}$	0.0874	0.1445	0.134
$A_s=\frac{\alpha_1f_cbh_0\xi}{f_y}$(mm²)	1996	3300	3060
选用钢筋	4 Φ 25	4 Φ 25＋4 Φ 20	4 Φ 25＋4 Φ 20
实际钢筋面积（mm²）	1964	3484	3484

（2）斜截面承载力计算。混凝土采用 C30，$f_t=1.43\text{N/mm}^2$，$f_c=14.3\text{N/mm}^2$；箍筋采用 HPB235，$f_{yv}=210\text{N/mm}^2$。从图 3.7(*e*) 中取各支座截面计算如表 3.7 所示。

表 3.6　基础梁跨中正截面承载力计算

截面位置	1	2	3
弯矩 M(kN·m)	827	553	598
截面尺寸（mm）	$b=b_f'=2600$ $h_0=1150$	$b=b_f'=2600$ $h_0=1150$	$b=b_f'=2600$ $h_0=1150$
$\xi=1-\sqrt{1-\dfrac{M}{0.5\alpha_1 f_c b_f' h_0^2}}$	0.017	0.0113	0.012
$A_s=\dfrac{\alpha_1 f_c b_f' h_0 \xi}{f_y}$（mm²）	2019	1342	1425
选用钢筋	6 Φ 22	4 Φ 22	4 Φ 22
实际钢筋面积（mm²）	2281	1520	1520

注　1. $\alpha_1 f_c b_f' h_f'\left(h_0-\dfrac{h_f'}{2}\right)=1\times14.3\times2600\times250\times\left(1150-\dfrac{250}{2}\right)=9527\times10^6\text{N}\cdot\text{mm}=9527\text{kN}\cdot\text{m}>M$，故跨中均为一类 T 形截面，取 $b=b_f'=2600\text{mm}$。

2. $A_{smin}=\rho_{min}bh=0.2\%\times500\times1200=1200\text{mm}^2$。

表 3.7　基础梁斜截面承载力计算

截面位置	支座 A 左	支座 A 右	支座 B 左
剪力 V(kN)	790	1105	1268
截面尺寸（mm）	$b=500$ $h_0=1150$	$b=500$ $h_0=1150$	$b=500$ $h_0=1150$
$0.25f_c bh_0$(kN)	$2056>V$	$2056>V$	$2056>V$
$\dfrac{A_{sv}}{s}=\dfrac{V-0.7f_t bh_0}{1.25f_{yv}h_0}$	0.71	1.754	2.294
箍筋肢数，直径	$n=4$，$\phi8$	$n=4$，$\phi12$	$n=4$，$\phi12$
计算值 s(mm)	283	258	197
实际箍筋间距（mm）	200	180	180

根据以上计算，得 JL—1 梁的配筋，如图 3.9 所示。

注意：为增强基础整体性，在①、④、⑦三条轴线上各布置一根基础梁 JL—2，如图 3.9 所示。

8. 设计图纸

根据以上各步骤计算，可以绘制出基础平面图和基础梁大样图，施工图详见图 3.9。

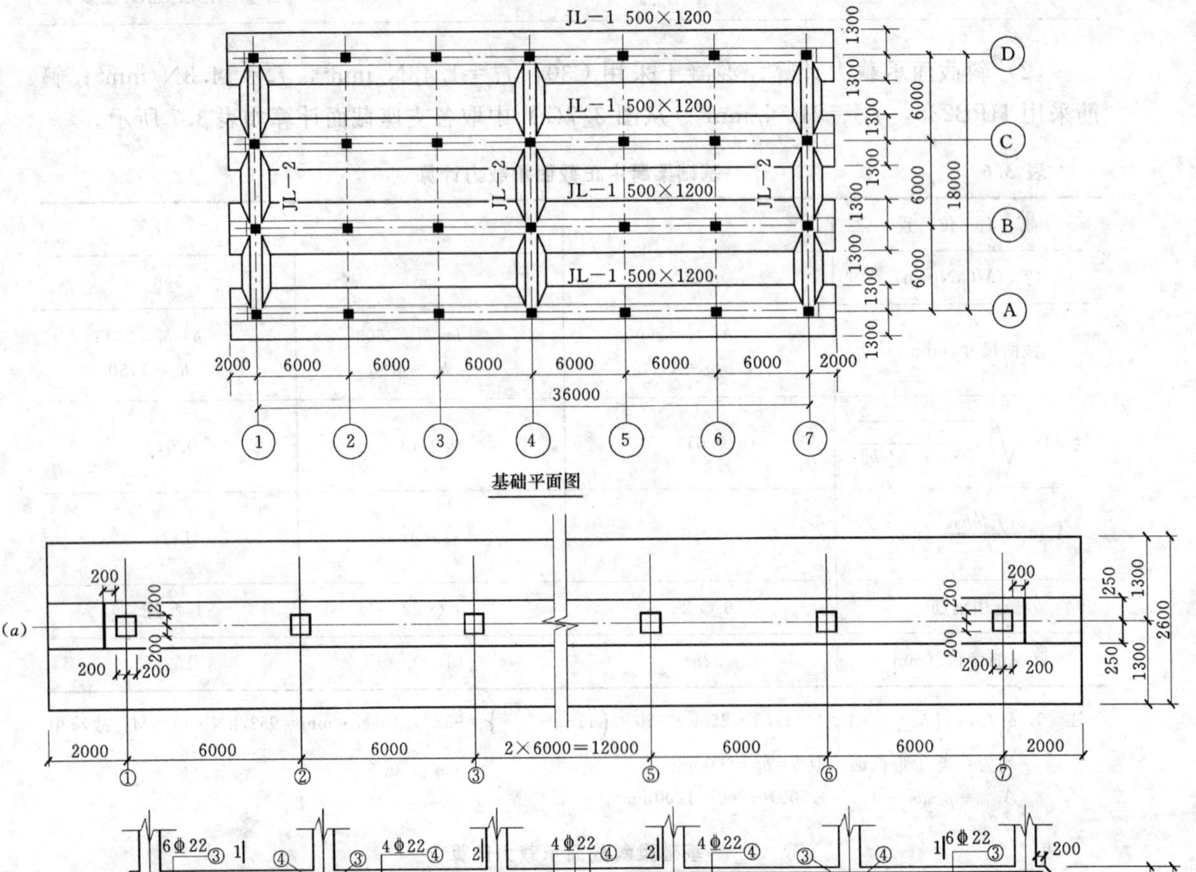

设计说明：

1. ±0.000 相当于绝对标高，见建筑图。
2. 根据工程地质报告，本工程持力层选用②号土层，地基承载力特征值 $f_{ak}=120\text{kPa}$。
3. 基坑开挖后需通知甲方及勘察单位验槽，符合要求后方可施工垫层。
4. 材料：混凝土 C30，钢筋 HPB235、HRB400。
5. 保护层：400mm。
6. 垫层做法：混凝土 C10，厚 100mm，出基础边 100mm。

图 3.9 基础施工图

(*a*) 平面图；(*b*) 配筋图

第4章 桩基础课程设计

4.1 桩基础课程设计任务书

4.1.1 设计题目

本次课程设计的题目：桩基础设计。

4.1.2 设计资料

1. 地形

拟建建筑场地地势平坦，局部堆有建筑垃圾。

2. 工程地质条件

自上而下土层依次如下：

①号土层：素填土，层厚1.5m，稍湿，松散，承载力特征值 $f_{ak}=95$kPa。

②号土层：淤泥质土，层厚3.3m，流塑，承载力特征值 $f_{ak}=65$kPa。

③号土层：粉砂，层厚6.6m，稍密，承载力特征值 $f_{ak}=110$kPa。

④号土层：粉质黏土，层厚4.2m，湿，可塑，承载力特征值 $f_{ak}=165$kPa。

⑤号土层：粉砂层，钻孔未穿透，中密－密实，承载力特征值 $f_{ak}=280$kPa。

3. 岩土设计技术参数

岩土设计参数如表4.1和表4.2所示。

表4.1　　地基岩土物理力学参数

土层编号	土的名称	孔隙比 e	含水量 $W(\%)$	液性指数 I_L	标准贯入锤击数 N(次)	压缩模量 E_s(MPa)
①	素填土	—	—	—	—	5.0
②	淤泥质土	1.04	62.4	1.08	—	3.8
③	粉砂	0.81	27.6	—	14	7.5
④	粉质黏土	0.79	31.2	0.74	—	9.2
⑤	粉砂层	0.58	—	—	31	16.8

表4.2　　桩的极限侧阻力标准值 q_{sk} 和极限端阻力标准值 q_{pk}　　单位：kPa

土层编号	土的名称	桩的侧阻力 q_{sk}	桩的端阻力 q_{pk}	土层编号	土的名称	桩的侧阻力 q_{sk}	桩的端阻力 q_{pk}
①	素填土	22	—	④	粉质黏土	60	900
②	淤泥质土	28	—	⑤	粉砂层	75	2400
③	粉砂	45	—				

4．水文地质条件

（1）拟建场区地下水对混凝土结构无腐蚀性。

（2）地下水位深度：位于地表下 3.5m。

5．场地条件

建筑物所处场地抗震设防烈度为 7 度，场地内无可液化砂土、粉土。

6．上部结构资料

拟建建筑物为六层钢筋混凝土框架结构，长 30m，宽 9.6m。室外地坪标高同自然地面，室内外高差 450mm。柱截面尺寸均为 400mm×400mm，横向承重，柱网布置如图 4.1 所示。

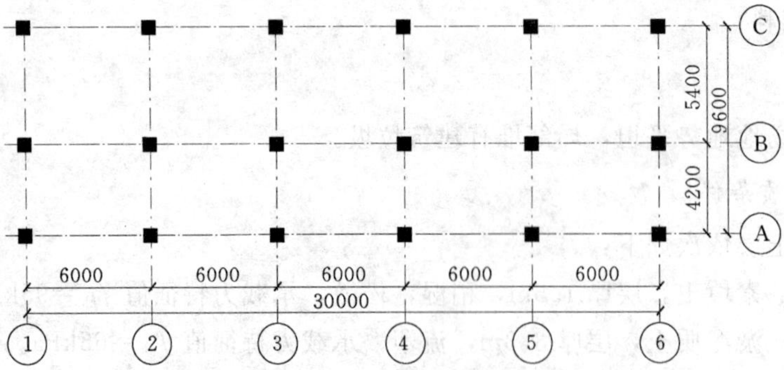

图 4.1　柱网布置图

7．上部结构作用

上部结构作用在柱底的荷载效应标准组合值如表 4.3 所示，该表中弯矩 M_k、水平力 V_k 均为横向方向。上部结构作用在柱底的荷载效应基本组合值如表 4.4 所示，该表中弯矩 M、水平力 V 均为横向方向。

表 4.3　柱底荷载效应标准组合值

题号	F_k(kN)			M_k(kN·m)			V_k(kN)		
	Ⓐ轴	Ⓑ轴	Ⓒ轴	Ⓐ轴	Ⓑ轴	Ⓒ轴	Ⓐ轴	Ⓑ轴	Ⓒ轴
1	1256	1765	1564	172	169	197	123	130	112
2	1350	1900	1640	185	192	203	126	135	114
3	1650	2050	1810	191	197	208	132	141	120
4	1875	2160	2080	205	204	213	139	149	134
5	2040	2280	2460	242	223	221	145	158	148
6	2310	2690	2970	275	231	238	165	162	153
7	2568	3225	3170	293	248	247	174	179	165
8	2670	3550	3410	299	264	256	183	190	170
9	2920	3860	3720	304	285	281	192	202	191
10	3130	3970	3950	323	302	316	211	223	230

表 4.4 柱底荷载效应基本组合值

题号	F(kN)			M(kN·m)			V(kN)		
	Ⓐ轴	Ⓑ轴	Ⓒ轴	Ⓐ轴	Ⓑ轴	Ⓒ轴	Ⓐ轴	Ⓑ轴	Ⓒ轴
1	1580	2630	1910	198	205	241	150	140	138
2	1840	2800	2200	205	210	243	154	145	140
3	2130	3080	2490	210	211	223	164	155	150
4	2320	3310	2780	215	214	238	181	166	174
5	2650	3560	3120	253	228	244	193	175	188
6	2910	3790	3430	286	251	266	204	188	196
7	3230	4180	3750	303	284	274	212	197	208
8	3360	4420	4010	332	315	269	225	224	216
9	3680	4690	4230	371	326	301	233	230	228
10	3970	5070	4520	393	354	325	242	236	238

8. 材料

混凝土强度等级为 C25～C30，钢筋采用 HPB235、HRB335 级。

4.1.3 设计分组

首先分为预制桩和灌注桩两个大组，再根据表 4.3 所给出的设计资料、荷载资料及学生人数划分为若干个小组。分组示意如下。

(1) 预制桩组：

第 1 组，共 10 人，选择题号 1～10，设计Ⓐ轴柱下桩基础。

第 2 组，共 10 人，选择题号 1～10，设计Ⓑ轴柱下桩基础。

第 3 组，共 10 人，选择题号 1～10，设计Ⓒ轴柱下桩基础。

(2) 灌注桩组：

第 1 组，共 10 人，选择题号 1～10，设计Ⓐ轴柱下桩基础。

第 2 组，共 10 人，选择题号 1～10，设计Ⓑ轴柱下桩基础。

第 3 组，共 10 人，选择题号 1～10，设计Ⓒ轴柱下桩基础。

4.1.4 设计要求

每人根据所在组号和题号，完成指定桩型和指定轴线的桩基础设计。对于另外两根轴线的基础，只要求根据所给荷载确定承台尺寸和桩数，以便画出桩基平面布置图。要求分析过程详细，计算步骤完整，设计说明书的编写应具有条理性，图纸整洁清晰。

4.1.5 设计内容

(1) 设计桩基础，包括选定桩长和截面尺寸，确定单桩承载力特征值，确定桩数并进行桩的布置，进行桩身和承台的计算并满足构造设计要求，编写设计计算书。

(2) 绘制桩基础施工图，包括桩基平面布置图，桩和承台大样图，并提出必要的技术说明。

4.1.6 设计成果

1. 设计计算书

设计计算书包括以下内容：

(1) 确定桩的选型，确定单桩竖向承载力。

(2) 估算桩的根数、布桩，确定承台尺寸。

(3) 桩基础验算。

(4) 桩承台设计，包括抗冲切、抗剪和抗弯的强度计算。

(5) 桩身设计，对预制桩，进行吊装验算并满足构造配筋要求；对灌注桩，一般按构造配筋。

2. 设计图纸

设计图纸包括以下内容：

(1) 桩基平面布置图。

(2) 承台大样图。

(3) 桩身大样图。

(4) 设计说明。

4.1.7 参考资料

(1)《建筑结构荷载规范》(GB 50009—2001)，中国建筑工业出版社，2002。

(2)《建筑地基基础设计规范》(GB 50007—2002)，中国建筑工业出版社，2002。

(3)《建筑桩基技术规范》(JGJ 94—2008)，中国建筑工业出版社，2008。

(4)《混凝土结构设计规范》(GB 50010—2002)，中国建筑工业出版社，2002。

(5) 赵明华，《土力学与基础工程》(第 2 版)，武汉理工大学出版社，2003。

4.2 桩基础课程设计指导书

桩是将建筑物的荷载全部或部分传递给地基土或岩层，具有一定刚度和抗弯能力的传力杆件。桩的性质随桩身材料、制桩方法和桩的截面大小而异，具有很大的适应性。桩基础通常作为荷载较大的建筑物基础，与其他深基础相比，其适用范围最广，可归纳为以下场合：

(1) 地基的上层土质太差而下层土质较好，地基软硬不均或荷载不均，不能满足上部结构对不均匀变形的要求。

(2) 地基软弱，不适合采用地基加固措施；或地基土性质特殊，例如存在可液化土层、自重湿陷性黄土、膨胀土及季节性冻土等。

(3) 除了存在较大的垂直荷载外，尚有较大的偏心荷载、水平荷载、动力荷载及周期性荷载作用。

(4) 上部结构对基础的不均匀沉降相当敏感，或建筑物受到相邻建筑物、大面积地面超载的影响。

(5) 地下水位很高，采用其他深基础形式施工时排水困难；或位于水中的构筑物基础，例如桥梁、码头和钻采平台等。

(6) 需要长期保存、具有重要历史意义的建筑物。

4.2.1 桩基基本设计规定

桩基基本设计规定如下。

(1) 桩基础应按以下两类极限状态设计：

1) 承载能力极限状态：桩基达到最大承载能力、整体失稳或发生不适于继续承载的变形。

2) 正常使用极限状态：桩基达到建筑物正常使用所规定的变形限值或达到耐久性要求的某项限值。

根据建筑规模、功能特征、对差异变形的适应性、场地地基和建筑物体型的复杂性以及由于桩基问题可能造成建筑破坏或影响正常使用的程度，将桩基设计分为表4.5所列的三个设计等级。桩基设计时，应根据表4.5确定设计等级。

表4.5　　建筑桩基设计等级

设计等级	建筑类型
甲级	(1)重要的建筑。 (2)30层以上或高度超过100m的高层建筑。 (3)体型复杂且层数相差超过10层的高低层(含纯地下室)连体建筑。 (4)20层以上框架-核心筒结构及其他对差异沉降有特殊要求的建筑。 (5)场地和地基条件复杂的7层以上的一般建筑及坡地、岸边建筑。 (6)对相邻既有工程影响较大的建筑
乙级	除甲级、丙级以外的建筑
丙级	场地和地基条件简单、荷载分布均匀的7层及7层以下的一般建筑

(2) 桩基应根据具体条件分别进行以下承载能力计算和稳定性验算：

1) 应根据桩基的使用功能和受力特征分别进行桩基的竖向承载力计算和水平承载力计算。

2) 对于桩身和承台结构，应进行承载力计算；对于桩侧土不排水、抗剪强度小于10kPa且长径比大于50的桩，应进行桩身压屈验算；对于混凝土预制桩，应按吊装、运输和锤击作用进行桩身承载力验算；对于钢管桩，应进行局部压屈验算。

3) 当桩端平面以下存在软弱下卧层时，应进行软弱下卧层承载力验算。

4) 对位于坡地、岸边的桩基，应进行整体稳定性验算。

5) 对于抗浮、抗拔桩基，应进行基桩和群桩的抗拔承载力计算。

6) 对于抗震设防区的桩基，应进行抗震承载力验算。

(3) 以下建筑桩基应进行沉降计算：

1) 设计等级为甲级的非嵌岩桩和非深厚坚硬持力层的建筑桩基。

2) 设计等级为乙级的体型复杂、荷载分布显著不均匀或桩端平面以下存在软弱土层的建筑桩基。

3) 软土地基多层建筑减沉复合疏桩基础。

(4) 对受水平荷载较大或对水平位移有严格限制的建筑桩基，应计算其水平位移。

(5) 应根据桩基所处的环境类别和相应的裂缝控制等级，验算桩和承台正截面的抗裂性和裂缝宽度。

(6) 桩基设计时，所采用的作用效应组合与相应的抗力应符合以下规定：

1) 确定桩数和布桩时，应采用传至承台底面的荷载效应标准组合，相应的抗力应采用基桩或复合基桩承载力特征值。

2）计算荷载作用下的桩基沉降和水平位移时，应采用荷载效应准永久组合；计算水平地震作用、风荷载作用下的桩基水平位移时，应采用水平地震作用、风荷载效应标准组合。

3）验算坡地、岸边建筑桩基的整体稳定性时，应采用荷载效应标准组合；抗震设防区，应采用地震作用效应和荷载效应的标准组合。

4）在计算桩基结构承载力及确定尺寸和配筋时，应采用传至承台顶面的荷载效应基本组合。当进行承台和桩身裂缝控制验算时，应分别采用荷载效应标准组合和荷载效应准永久组合。

5）桩基结构设计安全等级、结构设计使用年限和结构重要性系数 γ_0 应按现行有关建筑结构规范的规定采用，除临时性建筑外，重要性系数 γ_0 不应小于 1.0。

6）当桩基结构进行抗震验算时，其承载力调整系数 γ_{RE} 应按现行《建筑抗震设计规范》(GB 50011—2001）的规定采用。

4.2.2 资料的收集

桩基础设计之前必须充分掌握设计原始资料，具体情况如下：

(1）岩土工程勘察资料：包括工程地质报告和图件，岩土物理力学性能指标及水文地质条件资料，抗震设防烈度及场地不良地质现象资料。

(2）建筑场地环境条件资料：包括建筑场地的平面图，交通设施、地下管线和地下构筑物等的分布，相邻建筑物基础型式及埋置深度，周围建筑的防振、防噪声的要求，泥浆排泄和弃土条件。

(3）建筑物的有关资料：建筑物的总平面布置图，安全等级、结构类型、荷重和抗震设防烈度等。

(4）施工机械设备的进出场及现场运行条件。

4.2.3 拟定设计方案，选择桩型和成桩工艺

根据建筑结构类型、荷载性质、桩的使用功能、穿越土层、桩端持力层土类、地下水位、施工环境和经验以及桩材供应条件等，选择经济、合理、安全、适用的桩型和成桩工艺（见表 4.6）。

表 4.6 常用桩型及适用范围

成孔方式		桩径（mm）	桩长（m）	适用范围
预制钢筋混凝土桩	锤击	300～500	≤12	中密以下的松散砂层、粉土层、杂填土
钢管桩	锤击、钻孔	600～900	≤80	可进入较硬持力层
泥浆护壁成孔	冲抓	≥800	≤30	碎石土、砂土、粉土、黏性土及风化岩。当进入中等风化和微风化岩层时，冲击成孔的速度比回转的快
	冲击		≤50	
	回转钻		≤80	
	潜水钻	500～800	≤50	黏性土、淤泥、淤泥质土及砂土

续表

成孔方式		桩径 (mm)	桩长 (m)	适用范围
干作业	螺旋钻	300～800	≤30	地下水位以上的黏性土、粉土、砂土及人工填土
	钻孔扩底	300～600	≤30	地下水位以上的坚硬、硬塑的黏性土及中密以上砂土
	机动洛阳铲	300～500	≤20	地下水位以上黏性土、粉土、黄土及人工填土
沉管成孔	锤击	340～800	≤30	硬塑黏性土、粉土及砂土，直径大于或等于600mm的可达强风化岩
	振动	400～500	≤24	可塑性土、中细砂
爆扩成孔		≤350	≤12	地下水位以上的黏性土、黄土、碎石土及风化岩
人工挖孔		≥100	≤40	黏性土、粉土、黄土及人工填土

一般来说，对于框架结构，当桩端持力层较坚硬且不太深时，宜选择大直径钻孔或人工挖孔灌注桩设计成一柱一桩基础；对于建筑物同一结构单元，应避免采用不同类型的桩，否则应考虑基础的变形协调计算；当土中存在预制桩很难穿越的孤石、废金属或残积层中未风化的岩脉时，不易采用预制桩。当土层分布很不均时，混凝土预制桩的长度较难掌握；当持力层层面坡度较大时，预制桩沉桩时桩身易折断，宜采用灌注桩。在城市建筑密集区，预制桩和沉管灌注桩的施工可能带来噪声，沉桩挤土可能危及临近建筑物和地下管线的安全，采用钻孔灌注桩或人工挖孔灌注桩更为合适。

4.2.4 桩径与桩长的选择

桩径与桩长的设计，应综合考虑荷载的大小、土层性质与桩周土阻力状况、桩基结构特点、施工设备与技术条件等因素后确定，力争做到既满足使用要求又经济，最有效地利用和发挥地基土和桩身材料的承载性能。设计时首先拟定尺寸，然后通过基桩计算和验算，视所拟定的尺寸是否经济合理再进行最后确定。

1. 桩径拟定

桩的类型选定后，桩径可根据各类桩的特点与常用尺寸选择确定。通常10层以下的建筑可考虑采用直径400～500mm左右的灌注桩或边长250～300mm的预制桩；10～20层的建筑可采用直径600～1000mm的灌注桩或边长300～500mm的预制桩；20～30层的建筑可采用直径700～1200mm的钻（冲、挖）孔灌注桩或边长400～600mm的预制桩；30～40层的建筑可采用直径800～1500mm的大直径灌注桩；楼层更高的建筑可采用直径更大的灌注桩。

2. 桩长拟定

确定桩长的关键在于选择桩端持力层，设计时，可先根据地质条件选择适宜的桩端持力层初步确定桩长，并应考虑施工的可行性（如钻孔灌注桩钻机钻进的最大深度等）。

一般应选择较硬土层作为桩端持力层。桩端全断面进入持力层的深度，对于黏性土、粉土，不宜小于$2d$（d为桩身设计直径）；对于砂土，不宜小于$1.5d$；对于碎石土，不宜小于d。当存在软弱下卧层时，桩基以下硬持力层厚度不宜小于$3d$。

对于嵌岩桩，嵌岩深度应综合荷载、上覆土层、基岩、桩径和桩长等诸因素确定。嵌入倾斜的完整岩和较完整岩的全断面深度，不宜小于$0.4d$且不小于0.5m。倾斜度大于

30%的中风化岩，宜根据倾斜度及岩石的完整性适当加大嵌岩深度。嵌入平整、完整的坚硬岩和较硬岩的深度，不宜小于 $0.2d$ 且不应小于 0.2m。

在抗震设防区，桩进入液化层以下稳定土层中的全截面长度除满足上述要求外，对于碎石土、砾、粗砂、中砂、密实粉土和坚硬黏性土尚不应小于 $(2\sim3)d$，对于其他非岩石土尚不宜小于 $(4\sim5)d$。

如果在施工条件容许的深度内没有坚硬土层存在，应尽可能选择压缩性较低、强度较高的土层作为持力层，要避免使桩底坐落在软土层上或与软弱下卧层的距离太近，以免桩基础发生过大的沉降。

对于摩擦桩，桩底持力层可能有多种选择，此时确定桩长与桩数两者相互牵连，可通过试算比较，选择较合理的桩长。摩擦桩的桩长不应拟定太短，一般不应小于 4m。此外，为保证发挥摩擦桩桩底土层支承力，桩端部应尽可能达到该土层的桩端阻力临界深度。

3. 有效桩长的确定

初步确定承台底面标高后才能明确有效桩长，以便计算桩基承载力。当作用在桩基础上的水平力和弯矩较大时，可适当降低承台底面标高。在寒冻地区，承台底面应位于冻结线以下不少于 0.25m。同时，桩顶应嵌入承台一定长度，对大直径桩宜不少于 100mm，对于中等直径桩宜不少于 50mm。

4.2.5 单桩竖向极限承载力标准值的确定

1. 按单桩竖向静载试验确定

根据单桩竖向静载试验确定单桩竖向极限承载力标准值的方法见《建筑基桩检测技术规范》(JGJ 106—2003)。采用该方法确定单桩竖向极限承载力标准值时，在同一条件下的试桩数量，不宜少于总数的1%，并不应少于 3 根。工程总桩数在 50 根以内时不应少于 2 根。

2. 按静力触探法确定

采用双桥探头的静力触探可以确定混凝土预制桩单桩竖向极限承载力标准值，对于黏性土、粉土和砂土，可按下式计算：

$$Q_{uk}=\alpha q_c A_p + u\sum l_i \beta_i f_{si}$$

式中 Q_{uk}——单桩竖向极限承载力标准值，kN；

q_c——桩端平面上、下探头阻力，kPa；

α——桩端阻力修正系数，对于黏性土、粉土取 2/3，对于饱和砂土取 1/2；

A_p——桩端面积，m^2；

u——桩身周长，m；

l_i——桩周第 i 层土的厚度，m；

f_{si}——第 i 层土的探头平均侧阻力，kPa；

β_i——第 i 层土桩侧综合修正系数，对于黏性土、粉土 $\beta_i=10.04(f_{si})^{-0.55}$，对于砂土 $\beta_i=5.05(f_{si})^{-0.45}$。

3. 按规范经验参数法确定

规范经验参数法是在大量经验及资料积累的基础上，针对不同桩型推荐的估算公式规范经验参数法是初步估计桩基承载力和作为非重要工程设计依据的方法。

（1）对一般预制桩及中小直径（$d<800$mm）的灌注桩，有

$$Q_{uk}=Q_{sk}+Q_{pk}=u\sum q_{sik}l_i+q_{pk}A_p$$

式中　Q_{sk}——单桩总极限侧阻力标准值，kN；

Q_{pk}——单桩总极限端阻力标准值，kN；

q_{sik}——桩侧第 i 层土的极限侧阻力标准值，可按《建筑桩基技术规范》（JGJ 94—2008）表 5.3.5－1 取值，kPa；

q_{pk}——桩端极限端阻力标准值，可按《建筑桩基技术规范》（JGJ 94—2008）表 5.3.5－2 取值，kPa。

（2）对大直径桩（$d\geqslant800$mm），有

$$Q_{uk}=Q_{sk}+Q_{pk}=u\sum\psi_{si}q_{sik}l_i+\psi_p q_{pk}A_p$$

式中　q_{sik}——桩侧第 i 层土的极限侧阻力标准值，可按《建筑桩基技术规范》（JGJ 94—2008）表5.3.5－1取值，kPa；

q_{pk}——桩径为 800mm 的极限端阻力标准值，对于干作业挖孔（清底干净）可采用深层载荷板试验确定，当不能进行深层载荷板试验时，可按《建筑桩基技术规范》（JGJ 94—2008）表 5.3.6－1 取值，kPa；

ψ_{si}、ψ_p——大直径灌注桩侧阻力、端阻力尺寸效应系数，按表 4.7 取值。

表 4.7　　大直径灌注桩侧阻力尺寸 ψ_{si}、端阻力尺寸效应系数 ψ_p

土的类别 / 效应系数	黏性土、粉土	砂土、碎石土	土的类别 / 效应系数	黏性土、粉土	砂土、碎石土
ψ_{si}	$(0.8/d)^{\frac{1}{5}}$	$(0.8/d)^{\frac{1}{3}}$	ψ_p	$(0.8/D)^{\frac{1}{4}}$	$(0.8/D)^{\frac{1}{3}}$

注　表中 d 为桩身直径，D 为桩端直径。当为等直径桩时，表中 $d=D$。

4.2.6　基桩竖向承载力特征值的确定

1. 单桩竖向承载力特征值 R_a

根据《建筑桩基技术规范》（JGJ 94—2008），单桩竖向承载力特征值的计算公式为

$$R_a=\frac{Q_{uk}}{K}$$

式中　K——安全系数，$K=2$。

2. 基桩竖向承载力特征值 R

（1）对于端承型桩基、桩数少于 4 根的摩擦型柱下独立桩基，或由于地层土性、使用条件等因素不宜考虑承台效应时，基桩竖向承载力特征值应取单桩竖向承载力特征值，即

$$R=R_a$$

（2）对于符合下列条件之一的摩擦型桩基，宜考虑承台效应来确定其复合基桩竖向承载力特征值：

1）上部结构整体刚度较好、体型简单的建（构）筑物。

2）对差异沉降适应性较强的排架结构和柔性构筑物。

3）软土地基的减沉复合疏桩基础。

考虑承台效应的复合基桩竖向承载力特征值可按下列公式确定。

不考虑地震作用时：

$$R=R_a+\eta_c f_{ak}A_c$$

考虑地震作用时：

$$R=R_a+\frac{\zeta_a}{1.25}\eta_c f_{ak}A_c$$

其中

$$A_c=(A-nA_{ps})/n$$

式中　η_c——承台效应系数，可按表 4.8 取值；

f_{ak}——承台下 1/2 承台宽度且不超过 5m 深度范围内各层土的地基承载力特征值按厚度加权的平均值；

A_c——计算基桩所对应的承台底净面积；

A_{ps}——桩身截面面积，mm^2；

A——承台计算域面积（对于柱下独立桩基，A 为承台总面积；对于桩筏基础，A 为柱、墙筏板的 1/2 跨距和悬臂边 2.5 倍筏板厚度所围成的面积；对于桩集中布置于单片墙下的桩筏基础，取墙两边各 1/2 跨距围成的面积，按条形承台计算 η_c）；

ζ_a——地基抗震承载力调整系数，按表 4.9 取值。

表 4.8　　承台效应系数 η_c

B_c/l \ S_a/d	3	4	5	6	>6
≤0.4	0.06～0.08	0.14～0.17	0.22～0.26	0.32～0.38	0.50～0.80
0.4～0.8	0.08～0.10	0.17～0.20	0.26～0.30	0.38～0.44	
>0.8	0.10～0.12	0.20～0.22	0.30～0.34	0.44～0.50	
单排桩条形承台	0.15～0.18	0.25～0.30	0.38～0.45	0.50～0.60	

注　1. 表中 S_a/d 为桩中心距与桩径之比；B_c/l 为承台宽度与桩长之比。当计算基桩为非正方形排列时，$S_a=\sqrt{A/n}$，其中 A 为承台计算域面积，n 为总桩数。

2. 对于桩布置于墙下的箱、筏承台，η_c 可按单排桩条形承台取值。

3. 对于单排桩条形承台，当承台宽度小于 1.5d 时，η_c 按非条形承台取值。

4. 对于采用后注浆灌注桩的承台，η_c 宜取低值。

5. 对于饱和黏性土中的挤土桩基、软土地基上的桩基承台，η_c 宜取低值的 0.8 倍。

表 4.9　　地基抗震承载力调整系数 ζ_a

岩土名称和性状	ζ_a
岩石，密实的碎石土，密实的砾、粗砂、中砂，f_{ak}≥300kPa 的黏性土和粉土	1.5
中密和稍密的碎石土，中密和稍密的砾，粗砂、中砂，中密和稍密的细砂、粉砂，150kPa≤f_{ak}<300kPa 的黏性土和粉土，坚硬的黄土	1.3
稍密的细砂、粉砂，100kPa≤f_{ak}<150kPa 的黏性土和粉土，可塑黄土	1.1
淤泥，淤泥质土，松散的砂，杂填土，新近堆积黄土及流塑黄土	1.0

4.2.7　确定基桩根数及其平面布置

单桩的承载力设计值确定后，可根据建筑物上部荷载确定桩基的根数，根据建筑物上部结构进行合理的布桩。

1. 桩的根数估算

基础所需桩的根数，根据承台顶面的竖向荷载和基桩竖向承载力特征值进行估算。

在轴心荷载作用下：

$$n \geqslant \frac{F_k + G_k}{R_a}$$

在偏心作用下：

$$n \geqslant \mu \frac{F_k + G_k}{R_a}$$

式中　n——桩的根数；

F_k——在荷载效应标准组合下，作用在承台顶面上的竖向力，kN；

G_k——在荷载效应标准组合下，桩基础承台和承台上土自重标准值，对地下水位以下部分扣除水的浮力，kN；

R_a——基桩或复合基桩竖向承载力特征值，kN；

μ——考虑偏心荷载时各桩受力不均而适当增加桩数的经验系数，可取 $\mu=1.1\sim1.2$。

估算的桩数是否合适，在验算各桩的受力状况后才可确定。桩数的确定还须考虑满足桩基础水平承载力要求的问题。一般情况下，桩基水平承载力是由基桩的材料强度所控制，可通过对基桩的结构强度设计（如钢筋混凝土桩的配筋设计与截面强度验算）来满足。此外，桩数的确定与承台尺寸、桩长及桩的间距的确定相关联，确定时应综合考虑。

2. 桩间距的确定

群桩中桩间距的确定应该根据土类别、成桩工艺以及排列形式来确定桩的最小中心距。

一般情况下，穿越饱和软土的挤土桩，要求桩中心距最大，部分挤土桩或穿越非饱和土的挤土桩次之，非挤土桩最小；对于大面积的桩群，桩的最小中心距宜适当加大。基桩的最小中心距应符合表 4.10 的规定，当施工中采取减小挤土效应的可靠拖施时，可根据当地经验适当减小。

表 4.10　　基桩最小中心距

土类别与成桩工艺		桩排数不少于 3、桩数不少于 9 根的摩擦型桩基	其他情况
非挤土灌注桩		3.0d	3.0d
部分挤土桩	非饱和土、饱和非黏性土	3.5d	3.0d
	饱和黏性土	4.0d	3.5d
挤土桩	非饱和土、饱和非黏性土	4.0d	3.5d
	饱和黏性土	4.5d	4.0d
钻、挖孔扩底桩		2D 或 D+2.0m（当 D>2m 时）	1.5D 或 D+1.5m（当 D>2m 时）

续表

土类别与成桩工艺		桩排数不少于 3、桩数不少于 9 根的摩擦型桩基	其他情况
沉管夯扩、钻孔挤扩桩	非饱和土、饱和非黏性土	$2D$ 且 $4.0d$	$2D$ 且 $3.5d$
	饱和黏性土	$2.5D$ 且 $4.5d$	$2.2D$ 且 $4.0d$

注　1. d 为圆桩设计直径或方桩设计边长，D 为扩大端设计直径。

2. 当纵横向桩距不相等时，其最小中心距应满足“其他情况”一栏的规定。

3. 当为端承桩时，非挤土灌注桩的“其他情况”一栏可减小至 $2.5d$。

3. 桩的平面布置

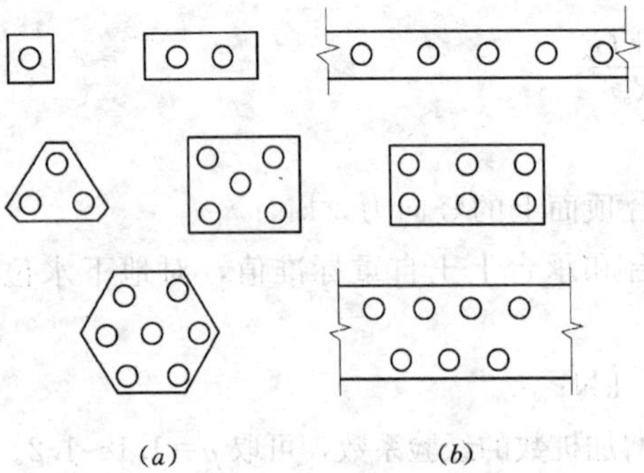

图 4.2　桩的平面布置图
(a) 柱下桩基；(b) 墙下桩基

桩数确定后，可根据桩基受力情况选用单排桩或多排桩桩基。多排桩的排列形式常采用正方形、三角形和梅花形，桩的常见布置形式如图 4.2 所示。

桩基础中桩的平面布置，除应满足前述的最小中心距等构造要求外，布桩时还应尽量使桩群承载力合力点与竖向永久荷载合力作用点重合。当作用于桩基的弯矩较大时，宜尽量将桩布置在距承台形心较远处，采用外密内疏的布置方式，以增大基桩对承台形心或合力作用点的惯性矩，提高桩基的抗弯能力。在排列基桩时，应考虑使桩基受水平力和力矩较大方向有较大的截面模量。为了增强建筑物短边方向的整体稳定性，可考虑将横墙下的承台梁在外纵墙以外布置两根探头桩。在墙体开洞下方不布桩，特殊情况下必须布桩时应先加固洞口处承台梁。在梁式承台或板式承台下布桩应本着减小弯矩的原则，尽量在柱和墙下布桩。

4.2.8　桩基承载力验算

桩基的验算包括正常使用极限状态的验算和承载能力极限状态的验算。正常使用极限状态的验算包括桩基竖向和水平向承载力验算、桩基的沉降验算，桩身和承台的抗裂和裂缝宽度验算，以及桩端平面以下软弱下卧层的承载力验算。承载能力极限状态的验算包括桩身及承台承载力验算。

4.2.8.1　桩顶作用效应验算

桩的平面布置确定后，初步估算承台尺寸及其上覆地基土自重 G_k 后才能计算桩顶作用效应。桩顶荷载的计算简图如图 4.3 所示。

对于一般建筑物和受水平力（包括力矩与水平力）较小的高层建筑群桩基础，应按下列公式计算柱、墙中基桩或复合基桩的桩顶作用效应。

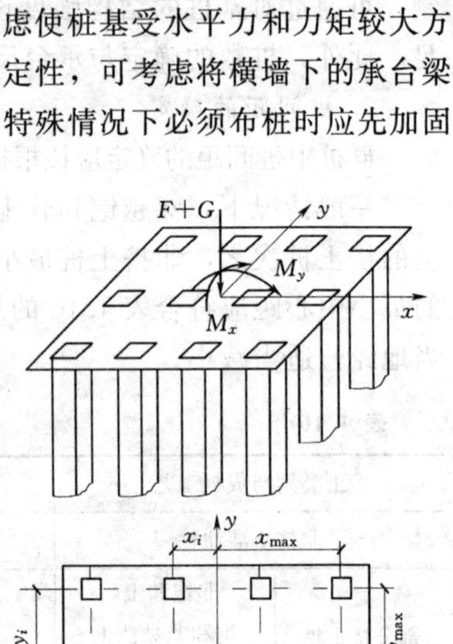

图 4.3　桩顶荷载的计算简图

1. 竖向力

轴心竖向力作用下：

$$N_k=\frac{F_k+G_k}{n}$$

偏心竖向力作用下：

$$N_{ik}=\frac{F_k+G_k}{n}\pm\frac{M_{xk}y_i}{\sum y_i^2}\pm\frac{M_{yk}x_i}{\sum x_i^2}$$

式中 F_k——在荷载效应标准组合下，作用于承台顶面的竖向力，kN；

G_k——桩基承台和承台上土自重标准值，kN，对稳定的地下水位以下部分应扣除水的浮力；

N_k——在荷载效应标准组合轴心竖向力下，基桩或复合基桩的平均竖向力，kN；

N_{ik}——在荷载效应标准组合轴心竖向力下，第 i 基桩或复合基桩的竖向力，kN；

M_{xk}、M_{yk}——在荷载效应标准组合下，作用于承台底面，绕通过群桩形心的 x、y 主轴的力矩，kN·m；

x_i、x_j 和 y_i、y_j——第 i、j 基桩或复合基桩至 y 和 x 轴的距离，m。

2. 水平力

水平力可按下式计算：

$$H_{ik}=\frac{H_k}{n}$$

式中 H_k——在荷载效应标准组合下，作用于承台底面的水平力，kN；

H_{ik}——在荷载效应标准组合下，作用于第 i 基桩或复合基桩的水平力，kN；

n——桩基中的桩数。

注意：上述桩顶作用效应的计算结果，只适用于根据基桩的承载力特征值计算桩数；如果用于验算桩身承载力，桩顶作用的形式不变，但所有的荷载均对应于荷载效应基本组合，计算得到的基桩竖向力均为设计值。

4.2.8.2 桩基竖向承载力验算

桩基竖向承载力计算应符合以下要求。

1. 荷载效应标准组合

在轴心竖向力作用下：

$$N_k\leqslant R$$

在偏心竖向力作用下：

$$N_{kmax}\leqslant 1.2R$$

式中 N_k——在荷载效应标准组合轴心竖向力作用下，基桩或复合基桩的平均竖向力，kN；

N_{kmax}——在荷载效应标准组合偏心竖向力下，桩顶最大竖向力，kN；

R——基桩或复合基桩竖向承载力特征值。

2. 地震作用效应和荷载效应标准组合

在轴心竖向力作用下：

$$N_{Ek}\leqslant 1.25R$$

在偏心竖向力作用下，除满足上式外，尚应满足下式的要求：

$$N_{Ekmax}\leqslant 1.5R$$

式中　N_{Ek}——在地震作用效应和荷载效应标准组合下，基桩或复合基桩的平均竖向力，kN；

N_{Ekmax}——在地震作用效应和荷载效应标准组合下，基桩或复合基桩的最大竖向力，kN。

对于主要承受竖向荷载的抗震设防区低承台桩基，在同时满足下列条件时，桩顶作用效应计算可不考虑地震作用：

（1）按现行《建筑抗震设计规范》（GB 50011—2001）的规定可不进行抗震承载力验算的建筑物。

（2）建筑场地位于建筑抗震的有利地段。

4.2.8.3　桩身竖向承载力验算

桩身应进行承载力验算。钢筋混凝土轴心受压桩正截面受压承载力应符合以下规定。

（1）当桩顶以下 $5d$ 范围的桩身螺旋式箍筋间距不大于 100mm 时：

$$N\leqslant \psi_c f_c A_{ps}+0.9f_y' A_s'$$

（2）当桩身配筋不符合上述条款时：

$$N\leqslant \psi_c f_c A_{ps}$$

式中　N——荷载效应基本组合下的桩顶轴向压力设计值，kN；

f_c——混凝土的轴心抗压强度设计值，kPa；

f_y'——纵向钢筋的抗压强度设计值，kPa；

A_{ps}——桩身的截面面积，m^2；

A_s'——纵向钢筋的横截面积，m^2；

ψ_c——施工工艺系数，对于混凝土预制桩 $\psi_c=0.85$，对于干作业非挤土灌注桩 $\psi_c=0.90$，对于泥浆护壁和套管护壁非挤土灌注桩、部分挤土灌注桩和挤土灌注桩 $\psi_c=0.7\sim0.8$，对于软土地区挤土灌注桩 $\psi_c=0.6$。

4.2.8.4　桩基水平承载力验算

忽略桩身、承台和地下墙体侧面与土体之间的黏着力和摩擦力，对桩水平的抗力作用采用以下验算方法：

$$H_{ik}\leqslant R_h$$

式中　H_{ik}——在荷载效应标准组合下，作用于基桩 i 桩顶处的水平力，kN；

R_h——单桩基础或群桩中基桩的水平承载力特征值，kN，对于单桩基础可取单桩的水平承载力特征值 R_{ha}。

单桩的水平承载力特征值 R_{ha} 按以下规定确定：

（1）对于受水平荷载较大的设计等级为甲级、乙级的建筑桩基，单桩的水平承载力特征值应通过单桩水平静载试验确定。

（2）对于钢筋混凝土预制桩、钢桩和桩身全截面配筋率不小于 0.65％的灌注桩，可根据静载荷试验结果取地面处为 10mm（对于水平位移敏感的建筑物取水平位移 6mm）所对应的荷载的 75%为单桩水平承载力特征值。对于桩身配筋率小于 0.65%的灌注桩，可取单桩水平静载试验的临界荷载的 75%作为单桩水平承载力特征值。

(3) 当缺少单桩水平静载试验资料时，可按下式估算桩身配筋率小于 0.65%的灌注桩的单桩水平承载力特征值：

$$R_{ha}=\frac{0.75\alpha\gamma_m f_t W_0}{\upsilon_M}(1.25+22\rho_g)\left(1\pm\frac{\zeta_N N_k}{\gamma_m f_t A_n}\right)$$

对圆形截面：

$$W_0=\frac{\pi d}{32}[d^2+2(\alpha_E-1)\rho_g d_0^2]$$

$$A_n=\frac{\pi d^2}{4}[1+(\alpha_E-1)\rho_g]$$

对方形截面：

$$W_0=\frac{b}{6}[d^2+2(\alpha_E-1)\rho_g b_0^2]$$

$$A_n=b^2+[1+(\alpha_E-1)\rho_g]$$

式中 α——桩的水平变形系数，1/m，计算方法见后；

R_{ha}——单桩水平承载力特征值，kN，“+”、“−”根据桩顶竖向力性质确定，压力取“+”，拉力取“−”；

γ_m——桩横截面模量塑性系数，对于圆形截面 $\gamma_m=2$，对于矩形截面 $\gamma_m=1.75$；

f_t——桩身混凝土抗拉强度设计值，kPa；

W_0——桩身换算截面受拉边缘的截面模量；

υ_M——桩身最大弯矩系数，当单桩基础和单排桩纵向轴线与水平力方向相垂直时，按桩顶铰接考虑，可按表 4.11 取值；

ρ_g——桩身配筋率；

A_n——桩身换算截面积，m^2；

ζ_N——桩顶竖向力影响系数，压力取 0.5，拉力取 1.0；

N_k——在荷载效应标准组合下桩顶的竖向力，kN；

d——桩直径；

d_0——扣除保护层厚度的桩直径；

b——正方形截面边长；

b_0——扣除保护层厚度的桩界面宽度；

α_E——钢筋弹性模量与混凝土弹性模量的比值。

当桩的水平承载力由水平位移控制，且缺少单桩水平静载试验资料时，可按下式估算预制桩、钢桩和桩身配筋率不小于 0.65%的灌注桩的单桩水平承载力特征值：

$$R_{ha}=0.75\frac{\alpha^3 EI}{\upsilon_x}\chi_{oa}$$

对钢筋混凝土桩：

$$EI=0.85E_cI_0$$

对圆形截面：

$$I_0=W_0d/2$$

对矩形截面：

$$I_0=W_0b_0/2$$

式中　EI——桩身抗弯刚度；

E_c——混凝土的弹性模量；

I_0——桩身换算截面惯性矩；

χ_{0a}——桩顶容许水平位移，m；

υ_x——桩顶水平位移系数，按表 4.11 取值。

表 4.11　桩顶（身）最大弯矩系数 υ_M 和桩顶水平位移系数 υ_x

桩顶约束情况	桩的换算埋置深度 αh	υ_M	υ_x
铰接、自由	4.0	0.768	2.441
	3.5	0.750	2.502
	3.0	0.703	2.727
	2.8	0.675	2.905
	2.6	0.639	3.163
	2.4	0.601	3.526
固接	4.0	0.926	0.940
	3.5	0.934	0.970
	3.0	0.967	1.028
	2.8	0.990	1.055
	2.6	1.018	1.079
	2.4	1.045	1.095

注　1. 铰接（自由）的 υ_M 系桩身的最大弯矩系数，固接的 υ_M 系桩顶的最大弯矩系数。
2. 当 $\alpha h>4$ 时，取 $\alpha h=4$。

桩的水平变形系数 α（1/m）可按下式计算：

$$\alpha=\sqrt[5]{\frac{mb_0}{EI}}$$

对于圆形桩：

当直径 $d\leqslant 1$m 时，有

$$b_0=0.9(1.5d+0.5)$$

当直径 $d>1$m 时，有

$$b_0=0.9(d+1)$$

对于方形桩：

当边宽 $b\leqslant 1$m 时，有

$$b_0=1.5b+0.5$$

当边宽 $b>1$m 时，有

$$b_0=b+1$$

式中 m——桩侧土水平抗力系数的比例系数，宜通过单桩水平静载试验确定，当无静载试验资料时，可按表4.12取值；

b_0——桩身的计算宽度，m；

EI——桩身抗弯刚度，计算方法同前。

表4.12 桩侧土水平抗力系数的比例系数 m 值

序号	地基土类别	预制桩、钢桩		灌注桩	
		m (MN/m⁴)	相应单桩在地面处水平位移 (mm)	m (MN/m⁴)	相应单桩在地面处水平位移 (mm)
1	淤泥，淤泥质土，饱和失陷性黄土	2～4.5	10	2.5～6	6～12
2	流塑($I_L>1$)、软塑($0.75<I_L\leqslant1$)状黏性土，$e>0.9$ 的粉土，松散粉细砂，松散稍密填土	4.5～6.0	10	6～14	4～8
3	可塑 ($0.25<I_L\leqslant0.75$) 状黏性土，$e=0.75\sim0.9$ 的粉土，失陷性黄土，中密填土，稍密细砂	6.0～10	10	14～35	3～6
4	硬塑 ($0<I_L\leqslant0.25$)、坚硬 ($I_L\leqslant0$) 状黏性土，失陷性黄土，$e<0.75$ 的粉土，中密的中细砂，密实老填土	10～22	10	35～100	2～5
5	中密、密实的砾砂、碎石类土	—	—	100～300	1.5～3

4.2.9 桩身结构设计

4.2.9.1 灌注桩

灌注桩桩身可按构造配筋，具体要求如下。

1. 配筋率

当桩径为300～2000mm时，正截面配筋率取0.65%～0.02%（大直径取低值，小直径取高值）。对于受荷载特别大的桩、抗拔桩和嵌岩端承桩应根据计算确定配筋率，并不小于上述规定值。

2. 配筋长度

(1) 端承型桩以及位于坡地、岸边的基桩应沿桩身等截面或变截面通长配筋。

(2) 摩擦型灌注桩配筋长度不应小于2/3桩长；当受水平荷载时，配筋长度尚不宜小于 $4.0/\alpha$（α 为桩的水平变形系数）。

(3) 对于受地震作用的基桩，桩身配筋长度应穿过可液化土层和软弱土层，进入稳定土层的深度不应小于 $(2\sim3)d$（d 为桩身设计直径）。

(4) 抗拔桩及因地震作用、冻胀或膨胀力作用而受拔力的桩，应在等截面或变截面通长配筋。

3. 配筋要求

对于受水平荷载的桩，主筋不应小于8Φ12；对于抗压桩，主筋不少于6Φ10；纵向钢筋应沿桩身周边均匀布置，其净距不应小于60mm。

4. 箍筋配置

箍筋采用螺旋式，直径不宜小于6mm，间距宜为200～300mm；受水平荷载较大的桩基和抗震桩基，以及考虑主筋作用计算桩身受压承载力时，桩顶以下$5d$范围内箍筋应适当加密，间距不应大于100mm；当钢筋笼长度超过4m时，为加强其刚度，应每隔2m左右设一道直径不小于12mm的焊接加劲箍筋。

5. 混凝土材料要求

桩身混凝土强度等级一般不得低于C25，混凝土预制桩尖的混凝土强度等级不得低于C30，为保证桩头具有设计强度，施工时应超灌50cm以上，以除掉混凝土浇注面处浮浆层。

6. 混凝土保护层

灌注桩主筋的混凝土保护层厚度不小于35mm，水下灌注桩的混凝土保护层厚度不小于50mm。

4.2.9.2　混凝土预制桩

桩基设计时，桩身结构强度需满足整个施工阶段和使用阶段期间的各种最不利受力状态。在许多场合下，对于预制混凝土桩，在吊运和沉桩过程中所产生的内力往往在桩身结构计算中起到控制作用。因此，预制桩结构设计应满足其在吊装和打桩工程中所受到的最大荷载。

1. 混凝土预制桩构造要求

混凝土预制桩的截面边长不应小于200mm；预应力混凝土预制桩的截面边长不宜小于350mm。

预制桩的桩身配筋应按吊装、打桩及桩在建筑物中受力等条件计算确定。预制桩的最小配筋率不宜小于0.80%，一般可为1%左右，当采用静压法沉桩时，其最小配筋率不宜小于0.6%。主筋直径不宜小于14mm，箍筋直径可取6～8mm，间距不大于200mm，在打入桩顶（4～5）d长度范围内和桩尖处箍筋应适当加密，并设置钢筋网片。当采用打入法沉桩时，直接受到锤击的桩顶应放置三层钢筋网。桩尖在沉入土层以及使用期中要克服土的阻力，因此应将所有主筋焊在一根圆钢上，或在桩尖处用钢板加强。图4.4为混凝土预制桩构造示意图。

预制桩的混凝土强度等级不宜低于C30，预应力混凝土桩的混凝土强度等级不宜低于C40，预制桩纵向钢筋的混凝土保护层厚度不宜小于30mm。

2. 预制桩桩身结构强度验算

预制桩除了考虑上述构造要求外，还要考虑起吊、运输和锤击过程中的强度验算。

桩在起吊和运输过程中的受力状态与梁相同，一般按两支点（桩长$L<18$m时）或三支点（桩长$L>18$m时）起吊和运输；在打桩架下竖起时，按一支点吊立。吊点的设置应使桩身在自重下产生的正负弯矩相等，如图4.5所示。桩身配筋时应按起吊过程中桩身最大弯矩计算，主筋一般通常配筋，当考虑起吊和运输过程中受到冲击和振动时，将桩身重力乘以1.3的动力系数。一般普通混凝土的桩身配筋由起吊和吊力的强度来控制。

桩身配筋验算可按下列公式计算：

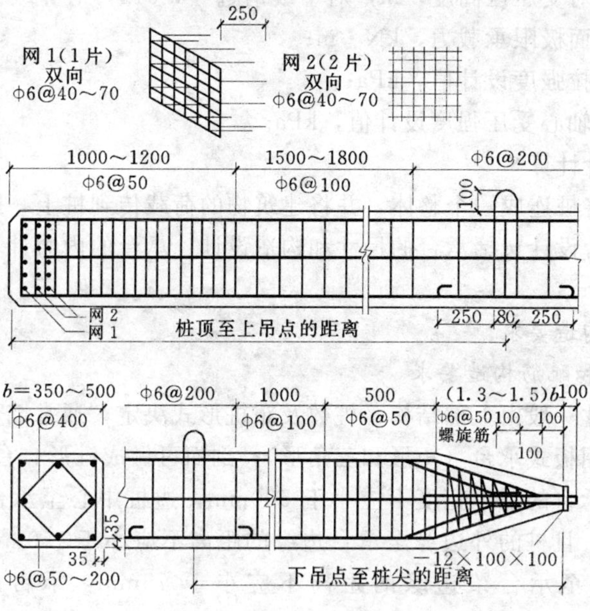

图 4.4　混凝土预制桩构造示意图

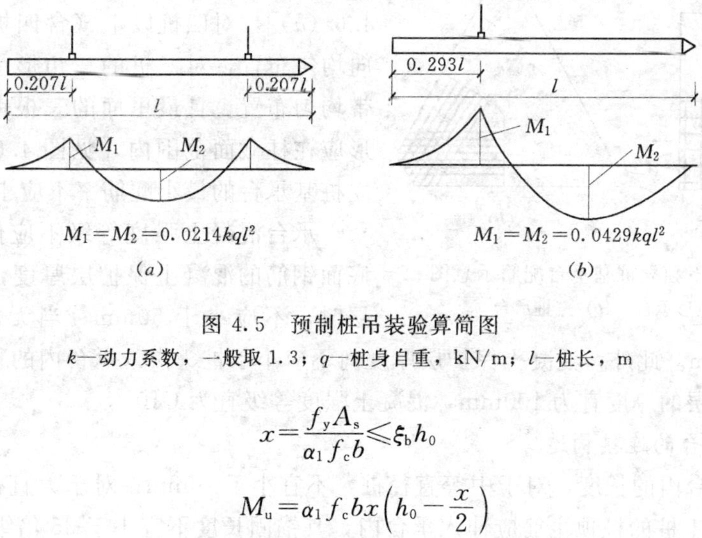

图 4.5　预制桩吊装验算简图

k—动力系数，一般取 1.3；q—桩身自重，kN/m；l—桩长，m

$$x=\frac{f_y A_s}{\alpha_1 f_c b}\leqslant \xi_b h_0$$

$$M_u=\alpha_1 f_c bx\left(h_0-\frac{x}{2}\right)$$

并要求：

$$M_1\leqslant M_u$$
$$M_2\leqslant M_u$$

式中　x——混凝土受压区高度，m；

A_s——桩身受弯一侧纵向钢筋截面面积，m²；

α_1——等效矩形应力图的系数，混凝土强度等级不超过 C50 时，取 $\alpha_1=1.0$；

b——桩边宽，m；

h_0——桩截面有效高度，m；

ξ_b——界限相对受压区高度，m，对Ⅰ级钢 $\xi_b=0.614$，对Ⅱ级钢 $\xi_b=0.55$；

M_u——桩身截面极限承载力，kN·m；

f_y——钢筋抗拉强度设计值，kPa；

f_c——混凝土轴心受压强度设计值，kPa。

4.2.10　承台的设计计算

承台的作用是将桩连成一个整体，并将建筑物的荷载传到桩上，因此承台应具有足够的强度和刚度。承台设计包括承台的尺寸和构造设计、承台的内力计算以及承台厚度及强度计算。

4.2.10.1　承台的构造要求

1. 承台的尺寸和配筋构造要求

承台的平面尺寸一般由上部结构、桩数及布桩形式决定，通常墙下条形基础做成承台梁，柱下桩基宜采用板式承台（矩形和三角形），剖面可做成锥形、台阶形或平板形。

柱下独立桩基承台的最小宽度不应小于 500mm，边桩中心至承台边缘的距离不应小于桩的直径或边长，且桩的外边缘至承台边缘的距离不应小于 150mm。对于墙下条形承台梁，桩的外边缘至承台梁边缘的距离不应小于 75mm，承台的最小厚度不应小于 300mm。

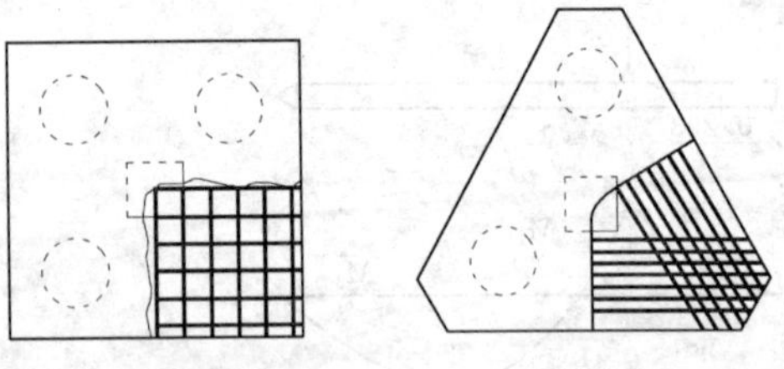

(*a*)　　　(*b*)

图 4.6　柱下独立桩基承台配筋示意图

(*a*) 矩形承台；(*b*) 三桩承台

柱下独立桩基承台钢筋应通长配置［见图 4.6 (*a*)］，对四桩以上（含四桩）承台宜按双向均匀布置，对三桩的三角形承台应按三向板带均匀布置，且最里面的三根钢筋围成的三角形应在柱截面范围内［见图 4.6 (*b*)］。柱下独立桩基承台的最小配筋率不应小于 0.15%。

承台混凝土强度等级不应低于 C25。承台底面钢筋的混凝土保护层厚度，当有混凝土垫层时，不应小于 50mm；当无混凝土垫层时，不应小于 70mm。此外，混凝土保护层厚度尚不应小于桩头嵌入承台内的长度。

混凝土垫层的厚度宜为 100mm，混凝土强度等级宜为 C10。

2. 桩与承台的连接构造

桩嵌入承台内的长度，对于中等直径桩，不宜小于 50mm；对于大直径桩，不宜小于 100mm。混凝土桩的桩顶主筋应伸入承台内，其锚固长度不宜小于 35 倍纵向主筋直径。

对于大直径灌注桩，当采用一柱一桩时，可设置承台或将桩与柱直接连接。

3. 柱与承台的连接构造

对于一柱一桩基础，当柱与桩直接连接时，柱纵向主筋锚入桩身内长度不应小于 35 倍纵向主筋直径。

对于多桩承台，柱纵向主筋应锚入承台不小于 35 倍纵向主筋直径；当承台高度不满足锚固要求时，竖向锚固长度不应小于 20 倍纵向主筋直径，并向柱轴线方向呈 90°弯折。

当有抗震设防要求时，对于一、二级抗震等级的柱，纵向主筋锚固长度应乘以系数 1.15；对于三级抗震等级的柱，纵向主筋锚固长度应乘以系数 1.05。

4. 承台与承台之间的连接构造

当为一柱一桩时，应在桩顶两个主轴方向上设置连系梁。当桩与柱的截面直径之比大于 2 时，可不设连系梁。两桩桩基的承台，应在其短向设置连系梁。有抗震设防要求的柱下桩基承台，宜沿两个主轴方向设置连系梁。

连系梁顶面宜与承台顶面位于同一标高。连系梁宽度不宜小于 250mm，其高度可取承台中心距的 1/10～1/15，且不宜小于 400mm。

连系梁配筋应按计算确定，梁上下部配筋不宜小于 2 根直径 12mm 的钢筋；位于同一轴线上的相邻跨连系梁纵筋应连通。

4.2.10.2　承台的计算

1. 承台的抗弯计算

柱下独立桩基承台（四桩及三桩承台）在配筋不足的情况下将产生弯曲破坏，其破坏特征呈梁式破坏。破坏时的屈服线如图 4.7 所示，最大弯矩产生于屈服线处。

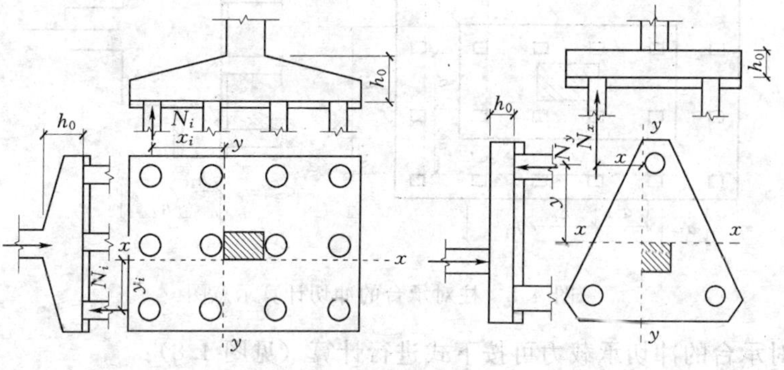

图 4.7　桩基承台内力计算示意图

(a) 矩形承台；(b) 三角形承台

根据极限平衡原理，承台弯矩可进行如下计算。

(1) 柱下多桩矩形承台［见图 4.7 (a)］。弯矩的计算截面应取在柱边和承台高度变化处，并按下列公式计算：

$$M_x = \sum N_i y_i$$

$$M_y = \sum N_i x_i$$

式中 M_x、M_y——垂直 x、y 轴方向计算截面处的弯矩设计值，kN·m；

x_i、y_i——垂直 x、y 轴方向自桩轴线至相应计算截面的距离，m；

N_i——在荷载效应基本组合下，扣除承台和承台上土自重设计值后 i 桩竖向净反力设计值，当不考虑承台效应时则为 i 桩竖向总反力设计值，kN。

(2) 柱下三桩三角形承台［见 图 4.7 (b)］。弯矩计算截面应取在柱边，并按下列公式计算：

$$M_x = N_x x$$

$$M_y = N_y y$$

2. 柱下桩基独立承台的冲切计算

当桩基承台的有效高度不足时，承台将产生冲切破坏。承台的冲切破坏主要有两种方式：一种方式是由柱边缘或承台变阶处沿大于或等于45°斜面拉裂形成冲切锥体破坏；另一种方式是角桩顶部对于承台边缘形成大于或等于45°向上冲切半锥体破坏，如图4.8所示。

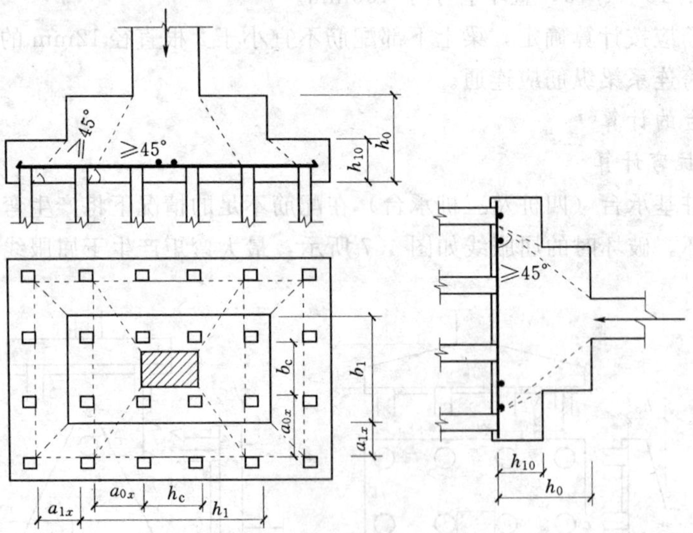

图 4.8　柱对承台的冲切计算示意图

(1) 柱对承台的冲切承载力可按下式进行计算（见图4.8）：

$$F_l \leqslant 2[\beta_{0x}(b_c + a_{0y}) + \beta_{0y}(h_c + a_{0x})]\beta_{hp} f_t h_0$$

其中

$$F_l = F - \sum N_i$$

$$\beta_{0x} = \frac{0.84}{\lambda_{0x} + 0.2}$$

$$\beta_{0y} = \frac{0.84}{\lambda_{0y} + 0.2}$$

$$\lambda_{0x} = \frac{a_{0x}}{h_0}$$

$$\lambda_{0y} = \frac{a_{0y}}{h_0}$$

式中　F_l——不计承台及其上土重，在荷载效应基本组合下作用于冲切破坏锥体上的冲切力设计值，kN；

β_{hp}——承台受冲切承载力截面高度影响系数，当 $h \leqslant 800$mm 时 β_{hp} 取1.0，当 $h \geqslant 2000$mm 时 β_{hp} 取0.9，其间按线性内插法取值；

f_t——承台混凝土抗拉强度设计值，kPa；

h_0——承台冲切破坏锥体的有效高度，m；

β_{0x}、β_{0y}——x、y 方向柱的冲切系数；

λ_{0x}、λ_{0y}——冲跨比，其值均应满足0.25～1.0的要求；

a_{0x}、a_{0y}——x、y方向柱边至最近桩边的水平距离，m；

h_c、b_c——x、y方向的柱截面的边长，m；

F——不计承台及其上土重，在荷载效应基本组合作用下柱（墙）底的竖向荷载设计值，kN；

$\sum N_i$——不计承台及其上土重，在荷载效应基本组合下冲切破坏锥体内各基桩或复合基桩的反力设计值之和，kN。

（2）阶形承台受上阶的冲切承载力可按下式进行计算（见图4.8）：

$$F_l \leqslant 2[\beta_{1x}(b_1+a_{1y})+\beta_{1y}(h_1+a_{1x})]\beta_{hp}f_t h_{10}$$

其中

$$\beta_{1x}=\frac{0.84}{\lambda_{1x}+0.2}$$

$$\beta_{1y}=\frac{0.84}{\lambda_{1y}+0.2}$$

$$\lambda_{1x}=\frac{a_{1x}}{h_{10}}$$

$$\lambda_{1y}=\frac{a_{1y}}{h_{10}}$$

式中 β_{1x}、β_{1y}——x、y方向上变阶处的冲切系数；

λ_{1x}、λ_{1y}——冲跨比，其值均应满足0.25～1.0的要求；

h_1、b_1——x、y方向承台上阶的边长，m；

a_{1x}、a_{1y}——x、y方向承台上阶边至最近桩边的水平距离，m；

h_{10}——承台变阶处冲切破坏锥体的有效高度，m。

在以上计算中，对于圆柱及圆桩，计算时应将截面换算成方柱或方桩，即换算柱截面边长$b_c=0.8d_c$（d_c为圆柱直径），换算桩截面边长$b_p=0.8d$（d为圆桩直径）。

（3）角桩对承台的冲切承载力计算。在偏心荷载作用下，某一角桩会承受最大竖向力，而当角桩向上冲切时，抗冲切的锥面只有一半（见图4.9），亦即对于四棱台只有两个冲切面，因此角桩的冲切是最危险的。

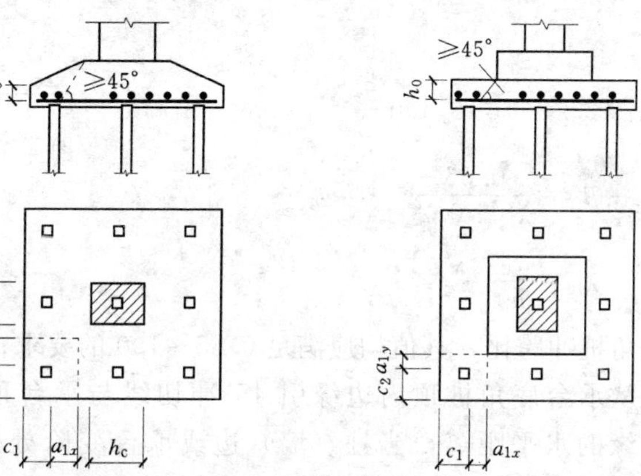

图4.9 四桩以上承台角桩冲切计算示意图

1）四桩（含四桩）以上承台受角桩的冲切式计算（见图 4.9）：

$$N_l \leqslant \left[\beta_{1x}\left(c_2+\frac{a_{1y}}{2}\right)+\beta_{1y}\left(c_1+\frac{a_{1x}}{2}\right)\right]\beta_{hp}f_t h_0$$

其中

$$\beta_{1x}=\frac{0.56}{\lambda_{1x}+0.2}$$

$$\beta_{1y}=\frac{0.56}{\lambda_{1y}+0.2}$$

$$\lambda_{1x}=\frac{a_{1x}}{h_0}$$

$$\lambda_{1y}=\frac{a_{1y}}{h_0}$$

式中　N_l——不计承台及其上土重，在荷载效应基本组合作用下角桩反力设计值，kN；

β_{1x}、β_{1y}——角桩冲切系数；

λ_{1x}、λ_{1y}——角桩冲跨比，其值均应满足 0.25～1.0 的要求；

c_1、c_2——从角桩内侧边缘至承台外边缘的距离；

a_{1x}、a_{1y}——从承台底角桩内边缘引 45°冲切线与承台顶面相交点至角桩内边缘的水平距离，m，当柱或承台变阶处位于该 45°线以内时，则取由柱边或变阶处与桩内边缘连线为冲切锥体的锥线（见图 4.9）；

h_0——承台外边缘的有效高度。

2）三桩三角形承台受角桩的冲切承载力计算（见图 4.10）：

对底部角桩：

$$N_l \leqslant \beta_{11}(2c_1+a_{11})\beta_{hp}\tan\frac{\theta_1}{2}f_t h_0$$

其中

$$\beta_{11}=\frac{0.56}{\lambda_{11}+0.2}$$

$$\lambda_{11}=\frac{a_{11}}{h_0}$$

对顶部角桩：

$$N_l \leqslant \beta_{12}(2c_2+a_{12})\beta_{hp}\tan\frac{\theta_2}{2}f_t h_0$$

其中

$$\beta_{12}=\frac{0.56}{\lambda_{12}+0.2}$$

$$\lambda_{12}=\frac{a_{12}}{h_0}$$

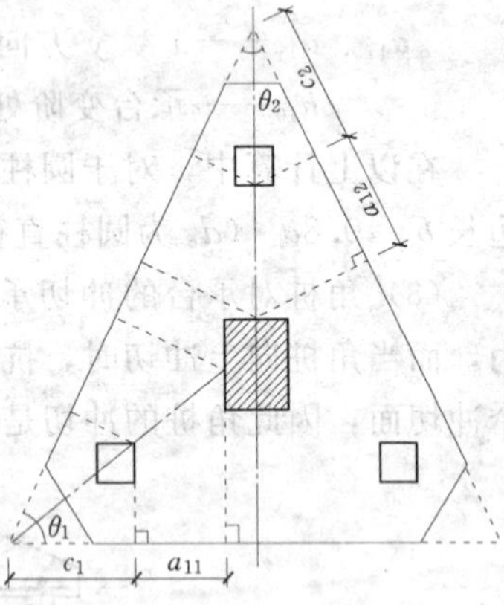

图 4.10　三桩三角形承台角桩冲切计算示意图

式中　λ_{11}、λ_{12}——角桩冲跨比，其值均应满足 0.25～1.0 的要求；

a_{11}、a_{12}——从承台底角桩顶内边缘引 45°冲切线与承台顶面相交点至角桩内边缘的水平距离，当柱（墙）边或承台变阶处位于该 45°冲切线以内时，则取由柱（墙）边或承台变阶处与桩内边缘连线为冲切锥体的锥线。

3. 柱下桩基独立承台的受剪计算

桩基承台的剪切破坏面为一通过柱（墙）边与柱边连线所形成的斜截面（见图4.11）。当柱边外有多排桩形成多个剪切斜截面时，对每个斜截面都应进行受剪承载力计算。其计算公式如下：

$$V \leqslant \beta_{hs} \alpha f_t b h_0$$

其中

$$\alpha = \frac{1.75}{\lambda + 1}$$

$$\beta_{hs} = \left(\frac{800}{h_0}\right)^{\frac{1}{4}}$$

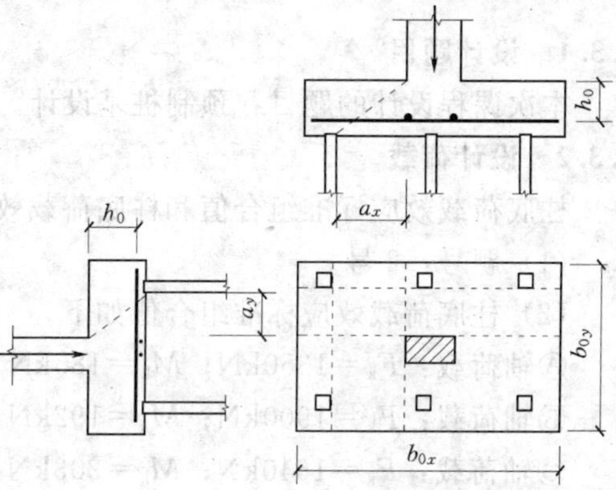

图 4.11　承台斜截面受剪计算示意图

式中　V——不计承台及其上土自重，在荷载效应基本组合下，斜截面的最大剪力设计值，它等于斜截面以外各桩相应竖向净反力之和，kN；

b——承台计算截面处的计算宽度，m，双向阶梯形承台变阶处及双向锥形承台的计算宽度要经过折算；

h_0——计算宽度处的承台有效高度，m；

f_t——混凝土轴心抗拉强度设计值，kPa；

α——剪切系数；

λ——计算截面的剪跨比，$\lambda_x = a_x/h_0$，$\lambda_y = a_y/h_0$，a_x、a_y 分别为柱边或承台变阶处至 y、x 方向计算一排桩的桩边的水平距离，当 $\lambda < 0.25$ 时取 $\lambda = 0.25$，当 $\lambda > 3$ 时取 $\lambda = 3$；

β_{hs}——受剪切承载力截面高度影响系数，当 $h_0 < 800$mm 时取 $h_0 = 800$mm，当 $h_0 > 2000$mm 时取 $h_0 = 2000$mm，其间按线性内插。

4. 承台的局部受压计算

对于柱下桩基承台，当混凝土强度等级低于柱的强度等级时，应按现行《混凝土结构设计规范》（GB 50010—2002）验算承台的局部受压承载力。

5. 柱下桩基独立承台的配筋计算

可以根据承台内力验算正截面受弯承载力，其计算方法与一般梁板的计算方法相同。承台底部两个方向配筋近似按下列公式计算：

$$A_x = \frac{M_x}{0.9 f_y h_0}$$

$$A_y = \frac{M_y}{0.9 f_y h_0}$$

式中　M_x、M_y——垂直 x、y 轴方向计算截面处的弯矩设计值，kN·m，计算方法见前面的抗弯计算部分；

h_0——承台计算截面处的有效高度，m；

A_x、A_y——垂直 x、y 轴方向的钢筋横截面积，m^2。

承台内配筋除了满足以上计算要求外，还要满足配筋构造要求。

4.3 预制桩基课程设计实例

4.3.1 设计题目

本次课程设计的题目：预制桩基设计。

4.3.2 设计荷载

柱底荷载效应标准组合值和柱底荷载效应基本组合值分别如表4.3、表4.4所示。

(1) 题号：2号。

(2) 柱底荷载效应标准组合值如下。

Ⓐ轴荷载：$F_k=1350\text{kN}$；$M_k=185\text{kN}\cdot\text{m}$；$V_k=126\text{kN}$。

Ⓑ轴荷载：$F_k=1900\text{kN}$；$M_k=192\text{kN}\cdot\text{m}$；$V_k=135\text{kN}$。

Ⓒ轴荷载：$F_k=1640\text{kN}$；$M_k=203\text{kN}\cdot\text{m}$；$V_k=114\text{kN}$。

(3) 柱底荷载效应基本组合值如下。

Ⓐ轴荷载：$F=1840\text{kN}$；$M=205\text{kN}\cdot\text{m}$；$V=154\text{kN}$。

Ⓑ轴荷载：$F=2800\text{kN}$；$M=210\text{kN}\cdot\text{m}$；$V=145\text{kN}$。

Ⓒ轴荷载：$F=2200\text{kN}$；$M=243\text{kN}\cdot\text{m}$；$V=140\text{kN}$。

设计Ⓑ轴柱下桩基，Ⓐ、Ⓒ轴柱下仅设计承台尺寸和估算桩数。

4.3.3 地层条件及其参数

地层条件及其参数详见桩基础课程设计任务书。

4.3.4 预制桩基设计

建筑物基础设计方案采用混凝土预制桩，具体设计方案如下：室外地坪标高为−0.45m，自然地面标高同室外地坪标高。根据表4.5，该建筑桩基属丙级建筑桩基，拟采用截面为350mm×350mm的混凝土预制方桩，以④号土层粉质黏土为持力层，桩尖伸入持力层1.2m（对于黏性土、粉土不小于$2d=700$mm），设计桩长11.0m，初步设计承台高0.8m，承台底面埋置深度−1.60m，桩顶伸入承台50mm。

4.3.4.1 单桩承载力计算

根据以上设计，桩顶标高为−1.6m，桩底标高为−12.6m，桩长为11.0m。

1. 单桩竖向极限承载力标准值

单桩竖向极限承载力标准值按下式计算：

$$Q_{uk}=Q_{sk}+Q_{pk}=u_p\sum q_{sik}l_i+A_p q_{pk}$$

由于

$$Q_{sk}=4\times0.35\times(0.35\times26+3.3\times29+6.6\times45+0.75\times65)=631\text{kN}$$

$$Q_{pk}=0.35\times0.35\times900=110\text{kN}$$

则

$$Q_{uk}=631+110=741\text{kN}$$

2. 基桩竖向承载力特征值

承台底部地基土为较松软的填土，压缩性大，因此本工程不考虑承台土效应，即取$\eta_c=0$，则有

$$R=R_a=\frac{Q_{uk}}{K}=\frac{741}{2}=370.5\text{kN}$$

根据上部荷载初步估计桩数为

$$n=\frac{F_k}{R_a}=\frac{1900}{370.5}=5.13$$

则设计桩数为 6 根。

4.3.4.2　桩基竖向承载力的验算

根据《建筑桩基技术规范》(JGJ 94—2008)，当按单桩承载力特征值进行计算时，荷载应取其效应的标准组合值。由于桩基所处场地的抗震设防烈度为 7 度，且场地内无可液化砂土、粉土问题，因此可不进行地震效应的竖向承载力验算。

根据桩数及承台尺寸构造要求初步设计矩形承台（见图 4.12），取承台边长为 2.0m×3.3m，矩形布桩，桩中心距取 3.5d，则 $s=3.5\times350=1225$mm，取 $s=1300$mm。桩心距承台边缘均为 350mm。

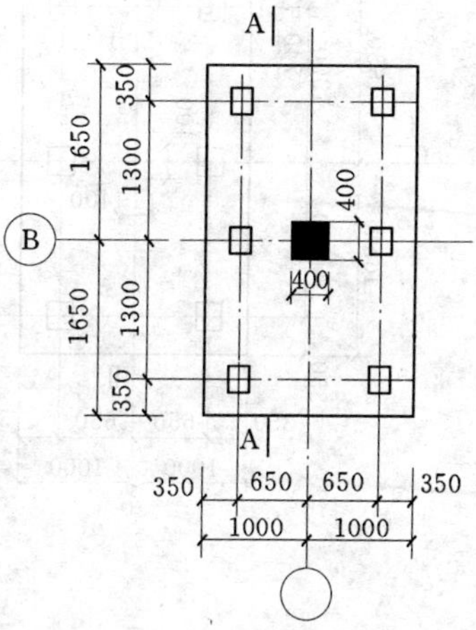

图 4.12　承台平面布置

承台及其上填土的总重为

$$G_k=2.0\times3.3\times1.6\times20=211.2\text{kN}$$

计算时取荷载的标准组合，则

$$N_k=\frac{F_k+G_k}{n}=\frac{1900+211.2}{6}=351.9\text{kN}<R(=370.5\text{kN})$$

$$N_{kmax}=N_k+\frac{My_{max}}{\sum y^2}=351.9+\frac{(135\times0.8+192)\times1.3}{4\times1.3^2}=351.9+57.69=409.6\text{kN}$$

$$N_{kmin}=N_k-\frac{My_{max}}{\sum y^2}=351.9-\frac{(135\times0.8+192)\times1.3}{4\times1.3^2}=351.9-57.69=294.2\text{kN}$$

因此

$$N_{kmax}=409.6\text{kN}<1.2R\ (=1.2\times364.5=437.4\text{kN})$$

$$N_{kmin}=294.2\text{kN}>0$$

满足设计要求，故初步设计是合理的。

4.3.4.3　承台设计

根据以上桩基设计及构造要求，承台尺寸为 2.0m×3.3m，预估承台厚 0.8m（见图 4.13），承台混凝土选用 C25，$f_t=1.27\text{N/mm}^2$，$f_c=11.9\text{N/mm}^2$；承台钢筋选用 HRB335 级钢筋，$f_y=300\text{N/mm}^2$。

1. 承台内力计算

承台内力计算荷载采用荷载效应基本组合设计值，则基桩净反力设计值为

$$N'_{max}=\frac{F}{n}+\frac{M_y y_i}{\sum y_i^2}=\frac{2800}{6}+\frac{(210+145\times0.8)\times1.3}{4\times1.3^2}=466.67+62.69=529.36\text{kN}$$

$$N'_{min}=\frac{F}{n}-\frac{M_y y_i}{\sum y_i^2}=\frac{2800}{6}-\frac{(210+145\times0.8)\times1.3}{4\times1.3^2}=466.67-62.69=403.98\text{kN}$$

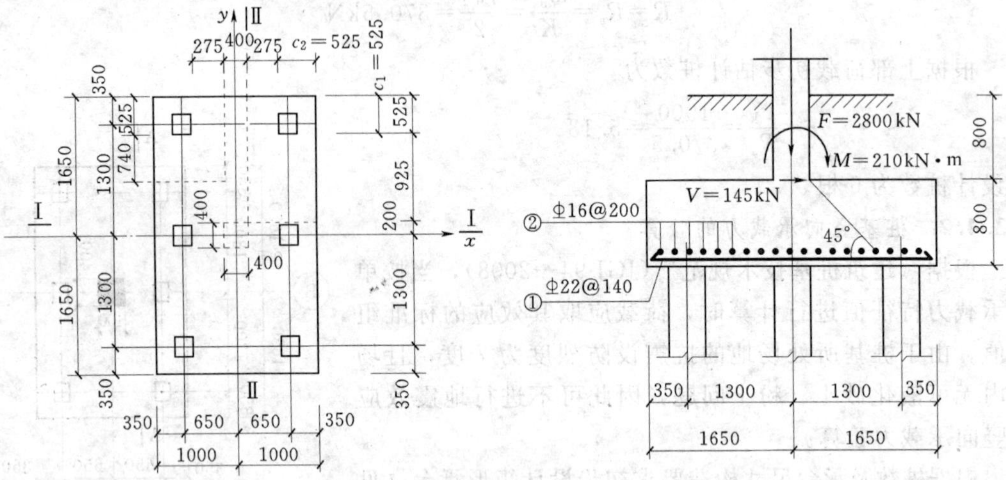

图 4.13　承台计算简图

$$\overline{N'}=\frac{F}{n}=\frac{2800}{6}=466.67\text{kN}$$

2. 承台厚度及受冲切承载力验算

为防止承台产生冲切破坏，承台应具有一定的厚度，初步设计承台厚 0.8m，承台底保护层厚 50mm，则 $h_0=800-60=740\text{mm}$。分别对柱边冲切和角桩冲切进行计算，以验算承台厚度的合理性。

(1) 柱对承台冲切。

承台受桩冲切的承载力应满足下式：

$$F_l\leqslant 2[\beta_{0x}(b_c+a_{0y})+\beta_{0y}(h_c+a_{0x})]\beta_{hp}f_t h_0$$

由于 $F_l=F-\sum N_i=2800-0=2800\text{kN}$，则冲跨比为

$$\lambda_{0x}=\frac{a_{0x}}{h_0}=\frac{0.275}{0.74}=0.372$$

$$\lambda_{0y}=\frac{a_{0y}}{h_0}=\frac{0.925}{0.74}=1.25>1.0$$

取 $\lambda_{0y}=1.0$。

冲切系数为

$$\beta_{0x}=\frac{0.84}{\lambda_{0x}+0.2}=\frac{0.84}{0.372+0.2}=1.47$$

$$\beta_{0y}=\frac{0.84}{\lambda_{0y}+0.2}=\frac{0.84}{1.0+0.2}=0.7$$

$$\begin{aligned}&2[\beta_{0x}(b_c+a_{0y})+\beta_{0y}(h_c+a_{0x})]\beta_{hp}f_t h_0\\&=2\times[1.47\times(0.4+0.925)+0.7\times(0.4+0.275)]\times1\times1270\times0.74\\&=4549\text{kN}>F_l\ (=2800\text{kN})\end{aligned}$$

故厚度为 0.8m 的承台能够满足柱对承台的冲切要求。

(2) 角桩冲切验算。

承台受角桩冲切的承载力应满足下式：

$$N' \leqslant \left[\beta_{1x}\left(c_2+\frac{a_{1y}}{2}\right)+\beta_{1y}\left(c_1+\frac{a_{1x}}{2}\right)\right]\beta_{hp} f_t h_0$$

由于 $N_l = N'_{max} = 529.36\text{kN}$，从角桩内边缘至承台外边缘距离为

$$c_1 = c_2 = 0.525\text{m}$$

$$a_{1x} = 0.275\text{m}$$

$$a_{1y} = 0.74\text{m}$$

$$\lambda_{1x} = \frac{a_{1x}}{h_0} = \frac{0.275}{0.74} = 0.37$$

$$\lambda_{1y} = \frac{a_{1y}}{h_0} = \frac{0.74}{0.74} = 1.0$$

$$\beta_{1x} = \frac{0.56}{\lambda_{1x}+0.2} = \frac{0.56}{0.37+0.2} = 0.98$$

$$\beta_{1y} = \frac{0.56}{\lambda_{1y}+0.2} = \frac{0.56}{1.0+0.2} = 0.47$$

则

$$\left[\beta_{1x}\left(c_2+\frac{a_{1y}}{2}\right)+\beta_{1y}\left(c_1+\frac{a_{1x}}{2}\right)\right]\beta_{hp} f_t h_0$$

$$=\left[0.98\times\left(0.525+\frac{0.74}{2}\right)+0.47\times\left(0.525+\frac{0.275}{2}\right)\right]\times 1\times 1270\times 0.74$$

$$=1116.9\text{kN} > N'_{max}\ (=529.36\text{kN})$$

故厚度为 0.8m 的承台能够满足角桩对承台的冲切要求。

3. 承台受剪承载力计算

承台剪切破坏发生在柱边与桩边连线所形成的斜截面处，对于Ⅰ—Ⅰ截面，

$$\lambda_{0y} = \frac{a_{0y}}{h_0} = \frac{0.925}{0.74} = 1.25\ (\text{介于 } 0.25\sim 3 \text{ 之间})$$

剪切系数为

$$\alpha = \frac{1.75}{\lambda+1} = \frac{1.75}{1.25+1} = 0.78$$

受剪切承载力高度影响系数计算：由于 $h_0 < 800\text{mm}$，故取 $\beta_{hs}=1$。

Ⅰ—Ⅰ截面剪力为

$$V = 2N'_{max} = 2\times 529.36 = 1058.72\text{kN}$$

则

$$\beta_{hs}\alpha f_t b_0 h_0 = 1\times 0.78\times 1.27\times 10^3\times 2.0\times 0.74 = 1466\text{kN} > V$$

故满足抗剪切要求。

4. 承台受弯承载力计算

承台计算截面弯矩如下。

对于Ⅰ—Ⅰ截面，取基桩净反力最大值 $N'_{max} = 529.36\text{kN}$ 进行计算，则

$$y_i = 1300-200 = 1100\text{mm} = 1.1\text{m}$$

$$M_x = \sum N_i y_i = 2\times 529.36\times 1.1 = 1164.6\text{kN}\cdot\text{m}$$

$$A_{s1}=\frac{M_x}{0.9f_yh_0}=\frac{1164.6\times10^6}{0.9\times300\times740}=5829\text{mm}^2$$

因此，承台长边方向选用Φ22@140，则钢筋根数为

$$n=2000/140+1=16$$

取16Φ22@140，实配钢筋 $A_s=6082\text{mm}^2$，满足要求。

对于Ⅱ—Ⅱ截面，取基桩净反力平均值 $\overline{N'}=466.67\text{kN}$ 进行计算。

此时

$$h_0=800-80=720\text{mm}$$

$$x_i=650-200=450\text{mm}=0.45\text{m}$$

则

$$M_y=\sum N_i x_i=3\times466.67\times0.45=630\text{kN}\cdot\text{m}$$

$$A_{s2}=\frac{M_y}{0.9f_yh_0}=\frac{630\times10^6}{0.9\times300\times720}=3240\text{mm}^2$$

因此，承台短边方向选用Φ16@200，则钢筋根数为 $n=3300/200+1=18$，取18Φ16@200，实配钢筋 $A_s=3618\text{mm}^2$，满足要求。

5. 承台构造设计

混凝土桩桩顶伸入承台长度为50mm。两承台间设置连系梁，梁顶面标高−0.8m，与承台顶齐平，根据构造要求，梁宽250mm，梁高400mm，梁内主筋上下共4Φ12通长配筋，箍筋采用Φ8@200。承台底做100mm厚C10素混凝土垫层，垫层挑出承台边缘100mm。

4.3.4.4 桩身结构设计

预制桩的桩身混凝土强度等级选用C30，钢筋选用HRB335级。

根据《建筑桩基技术规范》（JGJ 94—2008）第5.8.2条的规定，桩顶轴向压力应符合下列规定：

$$N_{max}\leqslant\varphi\psi_c f_c A_{ps}$$

$$\begin{aligned}N_{max}&=\frac{F+G}{n}+\frac{M_y y_i}{\sum y_i^2}\\&=\frac{2800+1.2\times211.2}{6}+\frac{(210+145\times0.8)\times1.3}{4\times1.3^2}\\&=508.9+62.69\\&=571.6\text{kN}\end{aligned}$$

计算桩身轴心抗压强度时，一般不考虑压屈影响，故取稳定系数 $\varphi=1$；对于预制桩，基桩施工工艺系数 $\psi_c=0.85$；C30级混凝土，$f_c=14.3\text{N/mm}^2$，则

$$\begin{aligned}\varphi\psi_c f_c A&=1\times0.85\times14.3\times10^6\times0.35^2\\&=1489\text{kN}>N_{max}\ (=571.6\text{kN})\end{aligned}$$

故桩身轴向承载力满足要求。

4.3.4.5 桩身构造设计

桩身按构造要求配筋，选8Φ14的HRB335级钢筋通长配筋；箍筋选用Φ6的

HPB235 级钢筋，间距 200mm，距桩顶 2m 范围内间距 50mm，距桩顶 2～4m 范围内间距 100mm。采用打入法沉桩，桩顶设置三层Φ6@50 钢筋网，层距 50mm，桩尖所有主筋应焊接在一根圆钢上，桩尖 0.6m 范围内箍筋加密，间距 50mm，桩身主筋混凝土保护层厚 30mm。

4.3.4.6　吊装验算

由于桩的长度不大，桩身吊装时采用二点起吊，吊点位置如图 4.14 所示。

起吊点距桩两端距离为

$$a=0.207l=0.207\times 11=2.28\text{m}$$

则起吊时桩身最大弯矩为

$$\begin{aligned}M_1&=0.0214kql^2\\&=0.0214\times 1.3\times (0.35^2\times 25)\times 11^2\\&=10.31\text{kN}\cdot\text{m}\end{aligned}$$

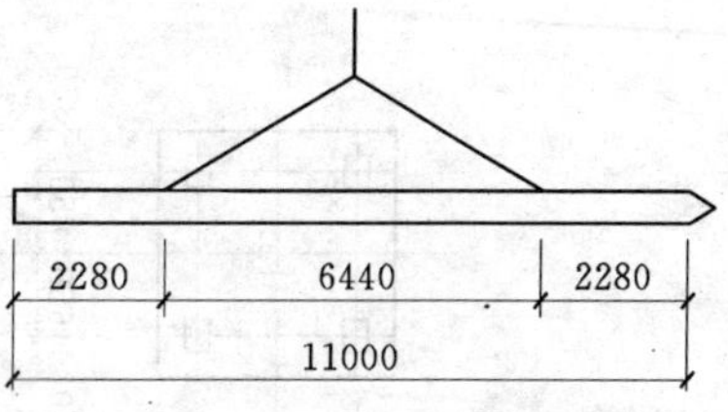

图 4.14　吊点位置

桩身配筋验算：混凝土采用 C30 级，钢筋采用 HRB335 级，则 $f_c=14.3\text{N/mm}^2$，$f_y=300\text{N/mm}^2$，由于 $b=350\text{mm}$，$h_0=350-40=310\text{mm}$，每边配 3Φ14，$A_s=461\text{mm}^2$，则

$$x=\frac{f_yA_s}{\alpha_1 f_c b}=\frac{300\times 461}{1.0\times 14.3\times 350}=27.63\text{mm}$$

$$\begin{aligned}M_u&=\alpha_1 f_c bx\left(h_0-\frac{x}{2}\right)\\&=1.0\times 14.3\times 350\times 27.63\times\left(310-\frac{27.63}{2}\right)\\&=40.96\times 10^6\text{N}\cdot\text{mm}\\&=40.96\text{kN}\cdot\text{m}\end{aligned}$$

所以

$$M_u>M_1$$

故桩身配筋满足吊装要求。

4.3.4.7　估算Ⓐ、Ⓒ轴线柱下桩数

1. 桩数估算

设计Ⓐ、Ⓒ轴线下桩基础的方法与Ⓑ轴线下相同，单桩极限承载力标准值为 729kN，基桩竖向承载力特征值为 364.5kN。

Ⓐ轴柱下荷载标准组合值为 $F_k=1350\text{kN}$、$M_k=185\text{kN}\cdot\text{m}$、$V_k=126\text{kN}$。

根据Ⓐ轴荷载初步估计Ⓐ轴柱下桩数，即

$$n=\frac{F_k}{R}=\frac{1350}{364.5}=3.7$$

则Ⓐ轴下设计桩数为 4 根。

Ⓒ轴柱下荷载标准组合值为 $F_k=1640\text{kN}$、$M_k=203\text{kN}\cdot\text{m}$、$V_k=114\text{kN}$。

根据Ⓒ轴荷载初步估计Ⓒ轴柱下桩数，即

$$n=\frac{F_k}{R}=\frac{1640}{364.5}=4.5$$

则Ⓒ轴下设计桩数为 5 根。

2. 承台平面尺寸确定

根据估算的桩数和承台构造要求，设计Ⓐ轴线承台平面尺寸为 2.0m×2.0m，与Ⓑ轴线相同，桩中心矩取 1.3m，桩心与承台边缘距离 0.35m；设计Ⓒ轴线承台尺寸为 2.6m×2.6m，桩中心矩取 1.3m，桩心与承台边缘距离 0.35m。

Ⓐ、Ⓒ轴承台布置如图 4.15 所示。

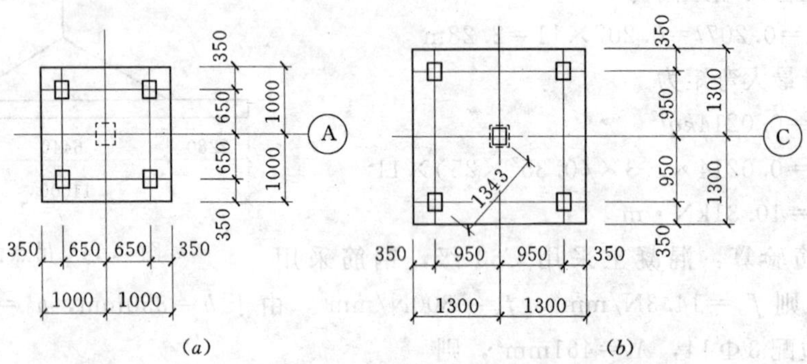

图 4.15　Ⓐ、Ⓒ轴承台布置示意图

(a) Ⓐ轴承台；(b) Ⓒ轴承台

4.3.4.8　设计图纸

根据以上计算，可以绘制出桩基平面布置图和桩基大样图，施工图详如图 4.16 所示。

4.4　灌注桩基课程设计实例

4.4.1　设计题目

本次课程设计的题目：灌注桩基设计。

4.4.2　设计荷载

柱底荷载效应标准组合值和柱底荷载效应基本组合值分别如表 4.3、表 4.4 所示。

(1) 题号：7 号。

(2) 柱底荷载效应标准组合值如下。

Ⓐ轴荷载：$F_k=2568\text{kN}$；$M_k=293\text{kN}\cdot\text{m}$；$V_k=174\text{kN}$。

Ⓑ轴荷载：$F_k=3225\text{kN}$；$M_k=248\text{kN}\cdot\text{m}$；$V_k=179\text{kN}$。

Ⓒ轴荷载：$F_k=3170\text{kN}$；$M_k=247\text{kN}\cdot\text{m}$；$V_k=165\text{kN}$。

(3) 柱底荷载效应基本组合值如下。

Ⓐ轴荷载：$F=3230\text{kN}$；$M=303\text{kN}\cdot\text{m}$；$V=212\text{kN}$。

Ⓑ轴荷载：$F=4180\text{kN}$；$M=284\text{kN}\cdot\text{m}$；$V=197\text{kN}$。

Ⓒ轴荷载：$F=3750\text{kN}$；$M=274\text{kN}\cdot\text{m}$；$V=208\text{kN}$。

设计Ⓑ轴柱下桩基，Ⓐ、Ⓒ轴柱下仅设计承台尺寸和估算桩数。

4.4.3　地层条件及其参数

地层条件及其参数详见桩基设计任务书。

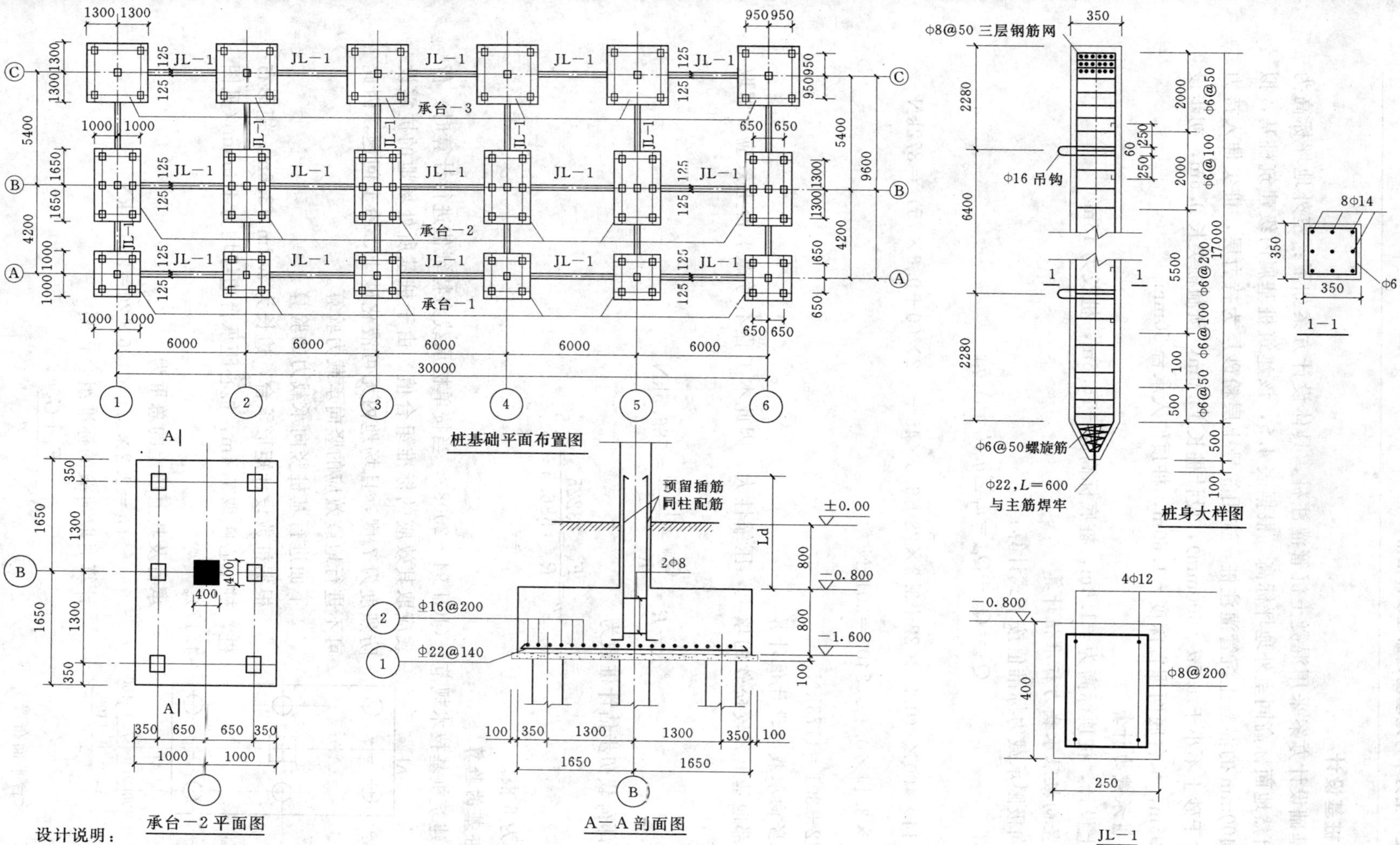

设计说明：

1. 图中单位未作说明均以 mm 计。
2. 根据工程地质报告，本工程采用预制桩基，选用④号土层粉质黏土作为持力层。采用 350mm×350mm 钢筋混凝土预制方桩，设计桩长 11m，桩尖进入持力层不低于 1.2m，单桩竖向极限承载力标准 $Q_{uk}=729kN$，基桩承载力特征值 $R=364.5kN$。
3. 材料。混凝土：C30 级。钢筋：承台及预置桩纵向钢筋为 HRB335 级，预置桩箍筋为 HPB235 级。
4. 保护层：承台 50mm，预制桩 30mm。
5. 承台下做 100mm 厚 C10 素混凝土垫层，出承台边 100mm。
6. 桩顶嵌入承台 50mm。

图 4.16　预制桩基施工图

4.4.4 灌注桩基设计

建筑物基础设计方案采用混凝土沉管灌注桩，具体设计方案如下：室外地坪标高为-0.45m，自然地面标高同室外地坪标高。根据表4.5，该建筑桩基属丙级建筑桩基，拟采用直径为400mm的混凝土沉管灌注桩，选用⑤号土层粉砂层为持力层，桩尖伸入持力层0.6m（对于砂土不小于1.5d=600mm），设计桩长15.0m，预制桩尖长0.5m，初步设计承台高0.95m，承台底面埋置深度-1.60m，桩顶伸入承台50mm。

4.4.4.1 单桩承载力计算

根据以上设计，桩顶标高为-1.6m，桩底标高为-16.6m，桩长为15m。

1. 单桩竖向极限承载力标准值计算

单桩竖向极限承载力标准值按下式计算：

$$Q_{uk}=Q_{sk}+Q_{pk}=u_p\sum q_{sik}l_i+A_p q_{pk}$$

由于

$Q_{sk}=3.14\times400\times(0.35\times22+3.3\times28+6.6\times45+4.2\times60+0.6\times75)=872\text{kN}$

$Q_{pk}=\frac{1}{4}\times3.14\times0.4^2\times2400=301\text{kN}$

$Q_{uk}=872+301=1173\text{kN}$

2. 基桩竖向承载力设计值计算

承台底部地基土为较松软的填土，压缩性大，因此本工程不考虑承台土效应，即取$\eta_c=0$，则有

$$R=R_a=\frac{Q_{uk}}{K}=\frac{1173}{2}=586.5\text{kN}$$

根据上部荷载初步估计桩数为

$$n=\frac{F_k}{R_a}=\frac{3225}{586.5}=5.5$$

则设计桩数为6根。

4.4.4.2 桩基的验算

根据《建筑桩基技术规范》(JGJ 94—2008)，当按单桩承载力特征值进行计算时，荷载应取其效应的标准组合值。由于桩基所处场地的抗震设防烈度为7度，且场地内无可液化砂土、粉土问题，因此可不进行地震效应的竖向承载力验算。

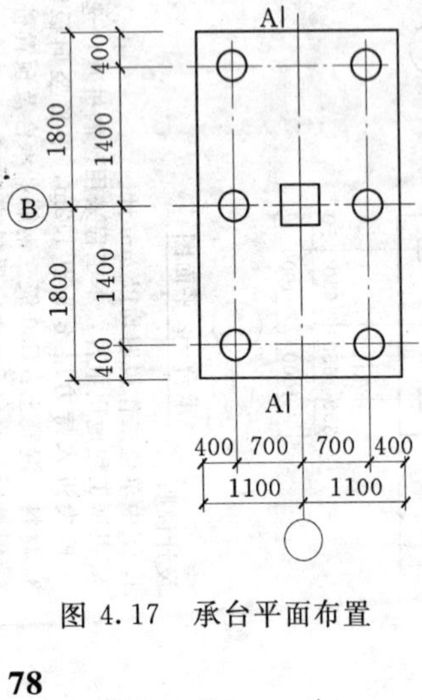

图4.17　承台平面布置

下面进行基桩竖向承载力的验算。

根据桩数设计矩形承台，边长为2.2m×3.6m，矩形布桩，桩中心距取1.4m，桩心距承台边缘均为400mm（见图4.17）。

承台及其上填土的总重为

$$G_k=2.2\times3.6\times1.6\times20=253.4\text{kN}$$

计算时取荷载的标准组合，则

$$N_k=\frac{F_k+G_k}{n}$$

$$=\frac{3225+253.4}{6}$$

$$=579.74\text{kN}<R(=586.5\text{kN})$$

$$N_{ik\max}=N_k+\frac{My_{\max}}{\sum y^2}=579.74+\frac{(179\times 0.95+248)\times 1.4}{4\times 1.4^2}=579.74+74.65=654.4\text{kN}$$

$$N_{ik\min}=N_k-\frac{My_{\max}}{\sum y^2}=579.74-\frac{(179\times 0.95+248)\times 1.4}{4\times 1.4^2}=579.74-74.65=505.1\text{kN}$$

因此

$N_{k\max}=654.4\text{kN}<1.2R$（$=1.2\times 586.5=703.8\text{kN}$）

$N_{k\min}=505.1\text{kN}>0$

满足设计要求，故初步设计是合理的。

4.4.4.3　承台设计

根据以上桩基设计及构造要求，承台尺寸为 2.2m×3.6m，初步设计承台厚 0.95m（见图 4.18），承台混凝土选用 C25，$f_t=1.27\text{N/mm}^2$，$f_c=11.9\text{N/mm}^2$；承台钢筋选用 HRB335 级，$f_y=300\text{N/mm}^2$。

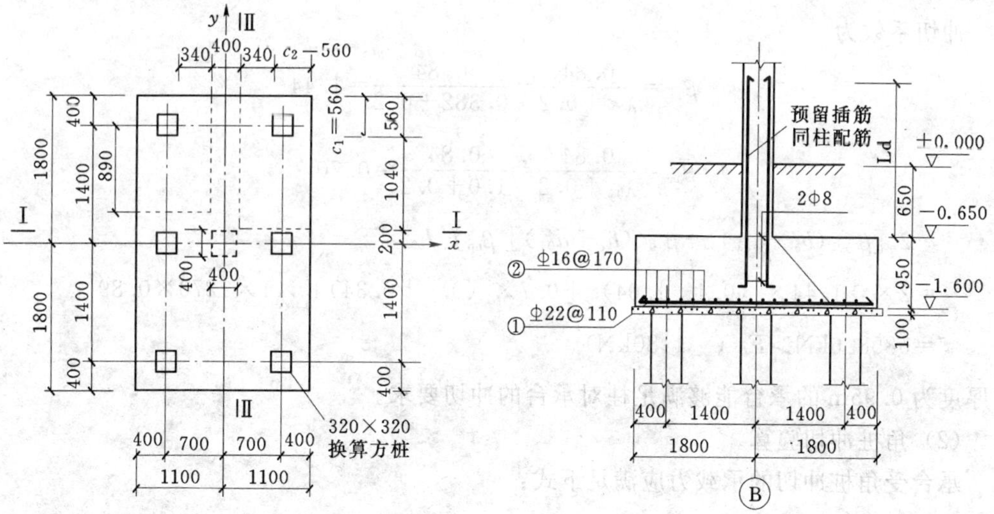

图 4.18　承台计算简图

1. 承台内力计算

承台内力计算荷载采用荷载效应基本组合值，则基桩净反力设计值为

$$N'_{\max}=\frac{F}{n}+\frac{M_y y_i}{\sum y_i^2}=\frac{4180}{6}+\frac{(284+197\times 0.95)\times 1.4}{4\times 1.4^2}=697+84.13=781.13\text{kN}$$

$$N'_{\min}=\frac{F}{n}-\frac{M_y y_i}{\sum y_i^2}=\frac{4180}{6}-\frac{(284+197\times 0.95)\times 1.4}{4\times 1.4^2}=697-84.13=612.87\text{kN}$$

$$\overline{N'}=\frac{F}{n}=\frac{4180}{6}=697\text{kN}$$

2. 承台厚度及受冲切承载力验算

为防止承台产生冲切破坏，承台应具有一定的厚度，初步设计承台厚 0.95m，承台保护层厚 50mm，则 $h_0=950-60=890$mm。分别对柱边冲切和角桩冲切进行计算，以验算承台厚度的合理性。

由于基桩为圆形桩，计算时应将截面换算成方桩，则换算方桩截面边宽为

$$b_p=0.8d=0.8\times400=320\text{mm}$$

图 4.18 所示承台计算简图中的基桩即是换算后边长为 320mm 的方桩。

(1) 柱对承台冲切。

承台受桩冲切的承载力应满足下式：

$$F_l\leqslant2\left[\beta_{0x}(b_c+a_{0y})+\beta_{0y}(h_c+a_{0x})\right]\beta_{hp}f_t h_0$$

由于 $F_l=F-\sum N_i=4180-0=4180$kN，则冲跨比为

$$\lambda_{0x}=\frac{a_{0x}}{h_0}=\frac{0.34}{0.89}=0.382\text{（在 0.25～1.0 之间）}$$

$$\lambda_{0y}=\frac{a_{0y}}{h_0}=\frac{1.04}{0.89}=1.169>1.0$$

取 $\lambda_{0y}=1.0$。

冲切系数为

$$\beta_{0x}=\frac{0.84}{\lambda_{0x}+0.2}=\frac{0.84}{0.382+0.2}=1.44$$

$$\beta_{0y}=\frac{0.84}{\lambda_{0y}+0.2}=\frac{0.84}{1.0+0.2}=0.70$$

$$2\left[\beta_{0x}(b_c+a_{0y})+\beta_{0y}(h_c+a_{0x})\right]\beta_{hp}f_t h_0$$

$$=2\times[1.44\times(0.4+1.04)+0.7\times(0.4+0.34)]\times1\times1270\times0.89$$

$$=5858.6\text{kN}>F_l\ (=4180\text{kN})$$

故厚度为 0.95m 的承台能够满足柱对承台的冲切要求。

(2) 角桩冲切验算。

承台受角桩冲切的承载力应满足下式：

$$N_l\leqslant\left[\beta_{1x}\left(c_2+\frac{a_{1y}}{2}\right)+\beta_{1y}\left(c_1+\frac{a_{1x}}{2}\right)\right]\beta_{hp}f_t h_0$$

由于 $F_l=N'_{max}=781.13$kN，从角桩内边缘至承台外边缘距离为

$$c_1=c_2=0.56\text{m}$$

$$a_{1x}=0.34\text{m}$$

$$a_{1y}=0.89\text{m}$$

$$\lambda_{1x}=\frac{a_{1x}}{h_0}=\frac{0.34}{0.89}=0.382$$

$$\lambda_{1y}=\frac{a_{1y}}{h_0}=\frac{0.89}{0.89}=1.0\text{（在 0.25～1.0 之间）}$$

$$\beta_{1x}=\frac{0.56}{\lambda_{1x}+0.2}=\frac{0.56}{0.382+0.2}=0.962$$

$$\beta_{1y}=\frac{0.56}{\lambda_{1y}+0.2}=\frac{0.56}{1.0+0.2}=0.467$$

$$\left[\beta_{1x}\left(c_2+\frac{a_{1y}}{2}\right)+\beta_{1y}\left(c_1+\frac{a_{1x}}{2}\right)\right]\beta_{hp}f_t h_0$$

$$=\left[0.962\times\left(0.56+\frac{0.89}{2}\right)+0.467\times\left(0.56+\frac{0.34}{2}\right)\right]\times1\times1270\times0.89$$

$$=1478\text{kN}>N_l=781.3\text{kN}$$

故厚度为 0.95m 的承台能够满足角桩对承台的冲切要求。

3. 承台受剪承载力计算

承台剪切破坏发生在柱边与桩边连线所形成的斜截面处，对于Ⅰ—Ⅰ截面，

$$\lambda_{0y}=\frac{a_{0y}}{h_0}=\frac{1.20}{0.89}=1.35\text{（介于 0.25～3 之间）}$$

剪切系数为

$$\alpha=\frac{1.75}{\lambda+1}=\frac{1.75}{1.35+1}=0.774$$

受剪切承载力高度影响系数为

$$\beta_{hs}=\left(\frac{800}{h_0}\right)^{0.25}=\left(\frac{800}{890}\right)^{0.25}=0.974$$

Ⅰ—Ⅰ截面剪力为

$$V=2\times N'_{max}=2\times781.13=1562\text{kN}$$

则

$$\beta_{hs}\alpha f_t b h_0=0.974\times0.744\times1.27\times10^3\times2.2\times0.89=1802\text{kN}>V$$

故满足抗剪切要求。

4. 承台受弯承载力计算

承台计算截面弯矩如下。

对于Ⅰ—Ⅰ截面，取基桩净反力最大值 $N'_{max}=781.13\text{kN}$ 进行计算，则

$$M_x=\sum N_i y_i=2\times781.13\times1.2=1874.7\text{kN}\cdot\text{m}$$

$$A_{s1}=\frac{M_x}{0.9f_y h_0}=\frac{1874.7\times10^6}{0.9\times300\times890}=7801.5\text{mm}^2$$

因此，承台长边方向选用Φ22@110，则钢筋根数为 $n=2200/110+1=21$，实配钢筋 $A_s=21\times380.1=7982\text{mm}^2$，满足要求。

对于Ⅱ—Ⅱ截面，取基桩净反力平均值 $\overline{N'}=697\text{kN}$ 进行计算。

此时

$$h_0=950-80=870\text{mm}$$

则

$$M_y=\sum N_i x_i=3\times697\times0.5=1045.5\text{kN}\cdot\text{m}$$

$$A_{s2}=\frac{M_y}{0.9f_yh_0}=\frac{1045.5\times10^6}{0.9\times300\times870}=4451\text{mm}^2$$

因此，承台短边方向选用Φ16@170，则钢筋根数为$n=3600/170+1=23$，实配钢筋$A_s=23\times201.1=4625\text{mm}^2$，满足要求。

5. 承台构造设计

混凝土桩桩顶伸入承台长度为50mm。两承台间设置连系梁，梁顶面标高 −0.65m，与承台顶齐平，梁宽250mm，梁高400mm，梁内主筋上下共4Φ12通长配筋，箍筋采用Φ8@200。承台底做100mm厚C10素混凝土垫层，垫层挑出承台边缘100mm。

4.4.4.4　桩身结构设计

沉管灌注桩选用C25混凝土，预制桩尖选用C30混凝土，钢筋选用HPB235级。

1. 桩身轴向承载力验算

根据《建筑桩基技术规范》（JGJ 94—2008）第5.8.2条的规定，桩顶轴向压力应符合下列规定：

$$N_{max}\leqslant\varphi\psi_c f_c A_{ps}$$

$$N_{max}=\frac{F+G}{n}+\frac{M_y y_i}{\sum y_i^2}=\frac{4180+1.2\times253.4}{6}+\frac{(284+197\times0.95)\times1.4}{4\times1.4^2}$$

$$=747.3+84.13$$

$$=831.5\text{kN}$$

计算桩身轴心抗压强度时，一般不考虑压屈影响，故取稳定系数$\varphi=1$；对于挤土灌注桩，基桩施工工艺系数$\psi_c=0.8$；C25级混凝土，$f_c=11.9\text{N/mm}^2$，则

$$\varphi\psi_c f_c A=1\times0.8\times11.9\times10^6\times\frac{1}{4}\times3.14\times0.4^2$$

$$=1195712\text{N}$$

$$=1196\text{kN}>N_{max}\ (=831.5\text{kN})$$

故桩身轴向承载力满足要求

2. 桩身水平承载力验算

由设计资料得柱底传至承台顶面的水平荷载标准值为179kN，每根基桩承受水平荷载为

$$H_{ik}=\frac{H_k}{n}=\frac{179}{6}=29.8\text{kN}$$

桩身按构造要求配筋，桩身配6Φ12纵向钢筋，$A_s=678.6\text{mm}^2$，则桩身配筋率为

$$\rho_g=\frac{A_s}{A}=\frac{678.6}{1/4\times3.14\times400^2}=0.54\%$$

满足0.2%～0.65%之间的要求。

对于配筋率小于0.65%的灌注桩，单桩水平承载力特征值按下式计算：

$$R_{ha}=\frac{0.75\alpha\gamma_m f_t W_0}{\upsilon_M}(1.25+22\rho_g)\left(1+\frac{\zeta_N N_k}{\gamma_m f_t A_n}\right)$$

该式中各参数取值方法详见桩基础课程设计指导书。

桩身为圆形截面，故 $\gamma_m=2$，$\zeta_N=0.5$。

由于

$$\alpha=\sqrt[5]{\frac{mb_0}{EI}}$$

根据灌注桩周主要土层的类别，查表 4.12，取桩侧土水平抗力系数的比例系数 $m=25\text{MN/m}^4$。

圆形桩桩身的计算宽度为

$$b_0=0.9\times(1.5d+0.5)=0.9\times(1.5\times0.4+0.5)=0.99\text{m}$$

根据

$$EI=0.85E_cI_0$$
$$I_0=W_0d/2$$
$$\alpha_E=E_s/E_c$$

对 C25 级混凝土，有

$$E_c=2.80\times10^4\text{N/mm}^2=2.80\text{MN/m}^2$$

对 HPB235 级钢筋，有

$$E_s=2.1\times10^5\text{N/mm}^2=2.1\text{MN/m}^2$$

扣除保护层后的桩直径为

$$d_0=0.4-0.07=0.33\text{m}$$

$$W_0=\frac{\pi d}{32}[d^2+2(\alpha_E-1)\rho_g d_0^2]$$

$$=\frac{\pi\times0.4}{32}\left[0.4^2+2\times\left(\frac{2.1\times10^5}{2.8\times10^4}-1\right)\times0.54\%\times0.33^2\right]$$

$$=6.583\times10^{-3}\text{m}^3$$

$$I_0=W_0d/2=6.583\times10^{-3}\times0.4/2=1.317\times10^{-3}\text{m}^4$$

$$EI=0.85E_cI_0=0.85\times2.80\times10^4\times1.317\times10^{-3}=31.34\text{MN}\cdot\text{m}^2$$

则

$$\alpha=\sqrt[5]{\frac{mb_0}{EI}}=\sqrt[5]{\frac{25\times0.99}{31.34}}=0.953\text{m}$$

桩顶最大弯矩系数 υ_M 取值：由于桩的入土深度 $h=15.0\text{m}$，桩与承台为固接，$\alpha h=0.953\times15=14.3>4$，取 $\alpha h=4$，由表 4.11 查得 $\upsilon_M=0.926$。

$$A_n=\frac{\pi d^2}{4}[1+(\alpha_E-1)\rho_g]=\frac{\pi}{4}\times0.4^2\times\left[1+\left(\frac{21}{2.8}-1\right)\times0.54\%\right]=0.13\text{m}^2$$

N_k 取在荷载效应标准组合下桩顶的最小竖向力（用该值计算所得单桩水平承载力特

征值最小)，由前面计算得 $N_k=505.1\text{kN}$，则

$$R_{ha}=\frac{0.75\alpha\gamma_m f_t W_0}{\upsilon_M}(1.25+22\rho_g)\left(1+\frac{\zeta_N N_k}{\gamma_m f_t A_n}\right)$$

$$=\frac{0.75\times0.953\times2\times1.27\times10^6\times6.583\times10^{-3}}{0.926}$$

$$\times(1.25+22\times0.0054)\times\left(1+\frac{0.5\times505.1\times10^3}{2\times1.27\times10^6\times0.13}\right)$$

$$=31071\text{N}=31.1\text{kN}>H_{ik}(=29.8\text{kN})$$

故桩身水平承载力满足要求。

3. 配筋长度计算

基桩为端承摩擦型桩，配筋长度应不小于桩长的 2/3（即 2/3×15=10m)，同时不宜小于 $4.0/\alpha=4.0/0.953=4.20\text{m}$，则配筋长度取 10m。

钢筋锚入承台 35 倍主筋直径，即 35×12=420mm。

4. 箍筋配置

采用Φ6@200 螺旋式箍筋，由于钢筋笼长度超过 4m，需每隔 2m 设一道Φ12 焊接加劲箍筋。

4.4.4.5 估算Ⓐ、Ⓒ轴线柱下桩数

1. 桩数估算

设计Ⓐ、Ⓒ轴线下桩基础的方法与Ⓑ轴线下相同，单桩极限承载力标准值为 1173kN，基桩竖向承载力特征值为 586.5kN。

Ⓐ轴柱下荷载标准值为 $F_k=2568\text{kN}$、$M_k=293\text{kN}\cdot\text{m}$、$V_k=174\text{kN}$。

根据Ⓐ轴荷载初步估计Ⓐ轴柱下桩数，即

$$n=\frac{F_k}{R}=\frac{2568}{586.5}=4.38$$

则Ⓐ轴下设计桩数为 5 根。

Ⓒ轴柱下荷载标准组合值为 $F_k=3170\text{kN}$、$M_k=247\text{ kN}\cdot\text{m}$、$V=165\text{kN}$。根据Ⓒ轴荷载初步估计Ⓒ轴柱下桩数，即

$$n=\frac{F_k}{R}=\frac{3170}{586.5}=5.40$$

则Ⓒ轴下设计桩数为 6 根。

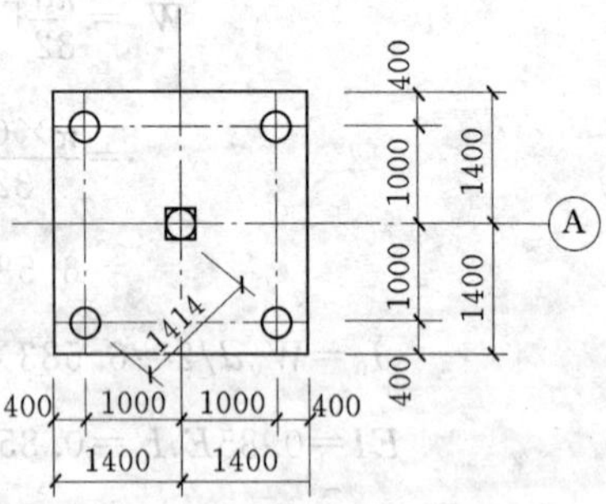

图 4.19 Ⓐ轴承台布置示意图

2. 承台平面尺寸确定

根据估算的桩数和承台构造要求，设计Ⓐ轴线承台平面尺寸为 2.5m×2.5m，桩最小中心矩为 1.4m，桩心与承台边缘距离 0.4m；Ⓒ轴桩数与Ⓑ轴相同，因此承台平面尺寸同Ⓑ轴。

Ⓐ轴承台布置如图 4.19 所示。

4.4.4.6 设计图纸

根据以上计算，可以绘制出桩基平面布置图和桩基大样图，施工图详见图 4.20。

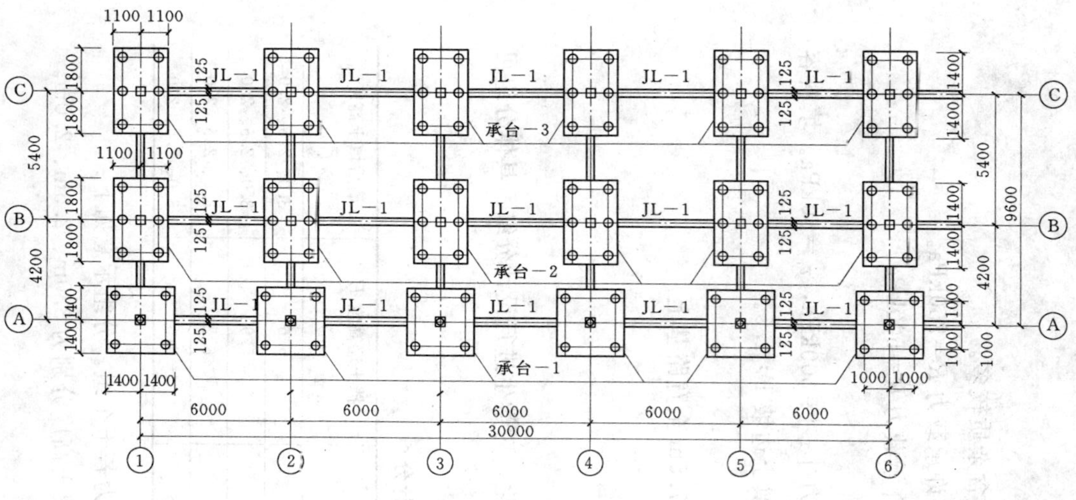

桩基平面布置图

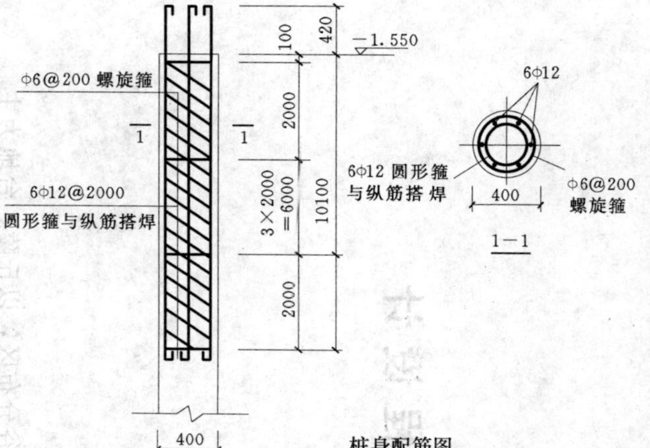

桩身配筋图

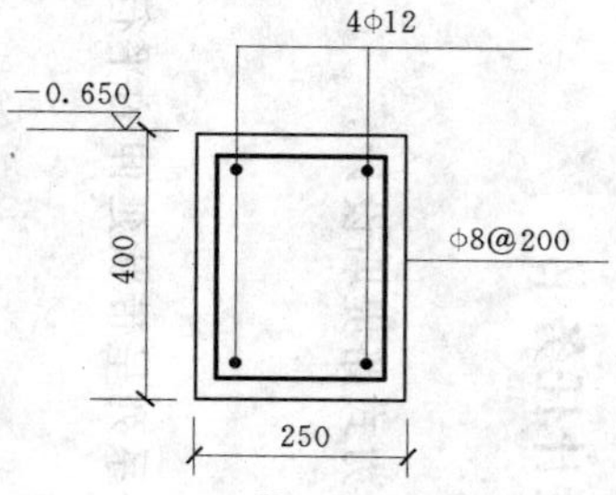

JL—1

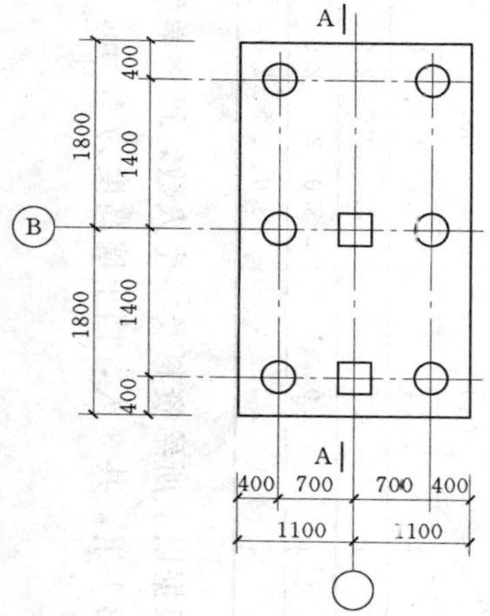

承台—2 平面图

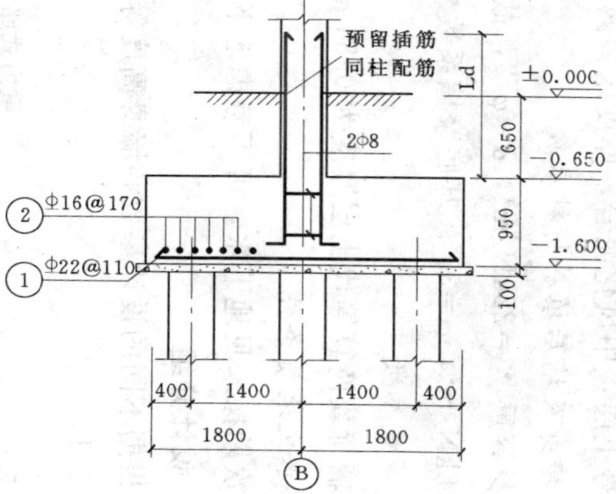

A—A 剖面图

设计说明：

1. 根据工程地质报告，本工程采用沉管灌注桩基，桩径 400mm，单打法施工。桩尖进入⑤号持力层 0.6m。桩长自承台底（标高−1.600）算起 15m，施工时参照工程地质报告及沉管速度控制桩长。
2. 单桩竖向极限承载力标准值 Q_{uk}=1173kN；基桩竖向极限力特征值 R=586.5kN。
3. 材料。
   承台混凝土 C25，钢筋 HRB335；灌注桩混凝土 C25，钢筋 HPB235。
   垫层 C10 混凝土。
4. 保护层：承台 50mm，灌注桩 35mm。
5. 桩顶嵌入承台 50mm。

图 4.20 灌注桩基施工图

第5章 挡土墙课程设计

5.1 重力式路堤墙课程设计任务书

5.1.1 设计题目

本次课程设计的题目：重力式路堤墙设计。

5.1.2 设计资料

1. 地形

平原山地过渡地带，为一系列呈带状延伸的平行岭谷分布区，以丘陵、台地为主。

2. 工程地质条件

自上而下土层依次如下：

①号土层：人工填土，层厚约0.7m，黄褐色，含杂质较多。

②号土层：含砂粉质黏土，层厚2.1m，地基容许承载力$R=250$kPa。

③号土层：中风化泥岩，厚度未揭露，地基容许承载力$R=500$kPa。

3. 墙身及墙后填料材料参数

墙身容重$\gamma_k=22\text{kN/m}^3$，$\delta=\varphi/2$，截面容许应力$[\sigma_a]=600$kPa，$\tau_i=50$kPa。填料容重$\gamma=18\text{kN/m}^3$，$\varphi=35°$。基底摩擦系数$f=0.4$。填土边坡1∶1.5。

4. 荷载参数

车辆荷载换算等代土层厚度为0.84m，布置在7.5m全宽路基上。

5. 水文地质条件

本次勘探未见地下水，可不考虑地下水的影响。

5.1.3 设计分组

可根据不同的设计参数和墙身高度等参数的变化，对学生进行设计分组。具体分组可参考表5.1。

表5.1 重力式路堤墙课程设计分组

组　号	挡土墙高度H (m)	墙后填土高度 (m)	组　号	挡土墙高度H (m)	墙后填土高度 (m)
1	4.4	3.0、2.5、2.0	5	5.6	3.0、2.5、2.0
2	4.7	3.0、2.5、2.0	6	5.9	3.0、2.5、2.0
3	5.0	3.0、2.5、2.0	7	6.2	3.0、2.5、2.0
4	5.3	3.0、2.5、2.0	8	6.5	3.0、2.5、2.0

根据以上所给资料及学生人数，可将学生划分为若干个组。分组示意如下：

第1组，共3人，挡土墙高度为4.4m，墙后填土高度分别为3.0m、2.5m、2.0m。

第2组，共3人，挡土墙高度为4.7m，墙后填土高度分别为3.0m、2.5m、2.0m。

第3组，共3人，挡土墙高度为5.0m，墙后填土高度分别为3.0m、2.5m、2.0m。

5.1.4　设计要求

每人根据所在组号和题号，完成各自要求的挡土墙设计。要求分析过程详细，计算步骤完整，设计说明书的编写应具有条理性，图纸整洁清晰。

5.1.5　设计内容

(1) 设计公路挡土墙，包括确定挡土墙土压力、挡土墙尺寸、挡土墙基础和挡土墙结构，对挡土墙进行稳定性验算、挡土墙基础承载力验算以及挡土墙结构的内力分析、强度计算，并满足构造设计要求，编写设计计算书。

(2) 绘制挡土墙施工图，包括挡土墙立面图、挡土墙大样图，并提出必要的技术说明。

5.1.6　设计成果

1. 设计计算书

设计计算书包括以下内容：

(1) 土压力计算。

(2) 确定挡土墙截面。

(3) 滑动、倾覆稳定性验算。

(4) 基底应力验算。

(5) 截面应力验算。

2. 设计图纸

设计图纸包括以下内容：

(1) 挡土墙立面图。

(2) 挡土墙大样图。

(3) 设计说明。

5.1.7　参考资料

(1)《公路工程技术标准》(JTG B—01—2003)，人民交通出版社，2004。

(2)《公路路基设计规范》(JTG D30—2004)，人民交通出版社，2004。

(3)《铁路路基支挡结构设计规范》(TB 10025—2006)，中国铁道出版社，2006。

(4) 交通部第二公路勘察设计院主编，《公路设计手册·路基》(第2版)，人民交通出版社，1996。

(5) 尉希成、周美玲，《支挡结构设计手册》(第2版)，中国建筑工业出版社，2004。

(6) 凌天清、曾德荣，《公路支挡结构》，人民交通出版社，2006。

5.2　衡重式路肩墙课程设计任务书

5.2.1　设计题目

本次课程设计的题目：衡重式路肩墙设计。

5.2.2　设计资料

1. 地形

中、浅切割褶皱剥蚀中低山地区，地势起伏较大。

2. 工程地质条件

自上而下土层依次如下：

①号土层：耕植土，层厚约 0.9m，黄褐色，含有机质较多。

②号土层：中风化砾岩，厚度未揭露，地基容许承载力 $R=800$kPa。

3. 墙身及墙后填料材料参数

填料 $\varphi=35°$，$\gamma=18\text{kN/m}^3$，下墙 $\delta=\varphi/2$，上墙（假想墙背）$\delta=\varphi$。墙身容重 $\gamma_k=22\text{kN/m}^3$。基底摩擦系数 $f=0.6$。圬工材料 $[\sigma_a]=600$kPa，$[\sigma_l]=100$kPa，$\tau_j=500$kPa。

4. 荷载参数

车辆荷载换算等代土层厚度如表 5.2 所示，分布在路基横断面方向的宽度 $b_0=5.5$m。

表 5.2　衡重式路肩墙课程设计分组

组　号	挡土墙高度 H (m)	车辆荷载换算等代土层厚度 (m)	组　号	挡土墙高度 H (m)	车辆荷载换算等代土层厚度 (m)
1	6.9	0.45、0.55、0.65	5	8.1	0.45、0.55、0.65
2	7.2	0.45、0.55、0.65	6	8.4	0.45、0.55、0.65
3	7.5	0.45、0.55、0.65	7	8.7	0.45、0.55、0.65
4	7.8	0.45、0.55、0.65	8	9.0	0.45、0.55、0.65

5. 水文地质条件

本次勘探未见地下水，可不考虑地下水的影响。

5.2.3　设计分组

可根据不同的设计和荷载等参数的变化，对学生进行设计分组。具体分组可参考表 5.2。

根据以上所给资料及学生人数，可将学生划分为若干个组。分组示意如下：

第 1 组，共 3 人，挡土墙高度为 6.9m，车辆荷载换算等代土层厚度分别为 0.45m、0.55m、0.65m。

第 2 组，共 3 人，挡土墙高度为 7.2m，车辆荷载换算等代土层厚度分别为 0.45m、0.55m、0.65m。

第 3 组，共 3 人，挡土墙高度为 7.5m，车辆荷载换算等代土层厚度分别为 0.45m、0.55m、0.65m。

5.2.4　设计要求

每人根据所在组号和题号，完成各自要求的挡土墙设计。要求分析过程详细，计算步骤完整，设计说明书的编写应具有条理性，图纸整洁清晰。

5.2.5　设计内容

(1) 设计衡重式路肩墙，包括确定挡土墙土压力、挡土墙尺寸、挡土墙基础和挡土墙结构，对挡土墙进行稳定性验算、挡土墙基础承载力验算以及挡土墙结构的内力分析、强度计算，并满足构造设计要求，编写设计计算书。

(2) 绘制挡土墙施工图，包括挡土墙立面图、挡土墙大样图，并提出必要的技术说明。

5.2.6 设计成果

1. 设计计算书

设计计算书包括以下内容：

（1）上墙土压力计算。

（2）下墙土压力计算。

（3）确定墙身截面。

（4）滑动、倾覆稳定性验算。

（5）基底应力验算。

（6）截面应力验算。

2. 设计图纸

设计图纸包括以下内容：

（1）挡土墙立面图。

（2）挡土墙大样图。

（3）设计说明。

5.2.7 参考资料

（1）《公路工程技术标准》（JTG B—01—2003），人民交通出版社，2004。

（2）《公路路基设计规范》（JTG D30—2004），人民交通出版社，1996。

（3）《铁路路基支挡结构设计规范》(TB 10025—2006)，中国铁道出版社，2006。

（4）交通部第二公路勘察设计院主编，《公路设计手册·路基》（第2版），人民交通出版社，1996。

（5）尉希成、周美玲，《支挡结构设计手册》（第2版），中国建筑工业出版社，2004。

（6）凌天清、曾德荣，《公路支挡结构》，人民交通出版社，2006。

5.3 挡土墙课程设计指导书

5.3.1 资料的收集

挡土墙设计应收集的资料如下。

5.3.1.1 路线资料

路线资料包括纵断面图、横断面图（视地形地质的复杂程度，每5～10m作一个横断面）及有关的大比例尺平面图等；此外，还包括挡土墙的位置及其设置的原因等，例如，位于沿河地区或斜坡地区，修建的形式、结构及设置范围，墙背填料的种类与排水措施、施工方法，附近的桥涵位置，以及冻结深度与冰冻时期等。

5.3.1.2 地质勘测资料

挡土墙设计应收集以下地质勘测资料：

（1）地形地貌特点、山坡天然水系及河流特点，以及地下水的分布、藏量、露头位置和水位标高等。

（2）斜坡坡面植被覆盖层与堆积层的形态及其稳定性、坡面自然倾斜角。

（3）基本岩层的构造，不同岩层的分布、层理及主要节理的倾向与倾角；岩层的性质、风化程度、抗压强度、摩擦系数与黏结力的数值；基岩上堆积层的厚度，支挡结构物基础的土壤承载力。

（4）进行地质勘测的观测点数目与位置，以及试坑的数目与位置。

（5）所在地区的各种不良地质现象、地震情况（分布、烈度）。

（6）所在地区能够采用作为挡土墙的材料的名称、数量和运距等。

（7）在下列情况下还宜绘制1：500～1：200的工程地质平面图：

1）需要在纸上研究布置挡土墙的平面位置地段。

2）需要选取不同方向地形、地质断面而现场勘测又不易掌握选准的地段。

3）挡土墙设计涉及改沟、改河、改移公路和拆迁建筑物等需用平面反映的地段。

（8）在地形、地基土质纵向起伏变化大的地段，宜测绘墙趾地质纵断面图。比例尺一般横竖一致，当结构物很长时，可用较小比例，横向为1：100～1：500，竖向为1：100～1：200。

（9）地质横断面图一般采用1：200的比例尺。测绘时应考虑以下问题：

1）断面间距视地形、地质变化情况而定，以能满足设计、施工的要求为准。在复杂情况下，断面间距采用5～10m；在基础标高变化不大的区域，断面间距可采用10～30m；在墙的两端，断面间距应该小一些，以便确定挡土墙的起讫位置。

2）断面宽度、精度（比例大小）除了满足路基设计要求外，还应考虑计算土压力的需要。因此，代表性横断面应较一般断面范围宽些。

（10）挡土墙设计的主要物理力学指标一般可按地基、填料情况，通过调查、试验，对比已有工程实践经验或参考文献资料选用，当遇到特殊情况时，例如黏土填料或高大挡土墙背填料，应尽可能由试验取得可靠数据；锚杆挡土墙的锚杆和加筋土挡土墙的拉筋抗拔力，宜通过现场拉拔试验取得可靠数据。

5.3.1.3 水文资料

水文资料包括地面水和地下水的情况。对于地下水，应充分掌握其性质和流量，以便分析选用土的物理力学性质指标，分析静水、动水压力的影响，采取必要的排水措施。

沿河挡土墙及其他沿河挡土墙则应收集以下水文资料：

（1）河床土的粒径、水流的流速和流向、河流的变动和冲刷情况。根据这些资料确定基础的埋置深度。

（2）各种水位（包括测量时水位、低水位和路肩设计水位）、洪水季节和洪峰持续时间等，并分析这些因素对挡土墙设计和施工的影响。

5.3.1.4 其他资料

挡土墙设计还需要收集一些其他资料，例如气象、施工调查、地震调查和水质对圬工、钢筋和加筋土挡土墙的拉筋带的浸蚀作用等资料。

5.3.2 构造要求

常用石砌挡土墙一般是由墙身、基础、排水设施、伸缩沉降缝等部分组成，各部分的构造要求分述如下。

5.3.2.1 墙身

1. 墙背

重力式挡土墙的墙背，可以做成直线式墙背和折线式墙背两大类型，如图5.1所示。

直线式墙背常见的有仰斜式、俯斜式和垂直式三类，折线式墙背常见的有衡重式和凸形折线式两类。

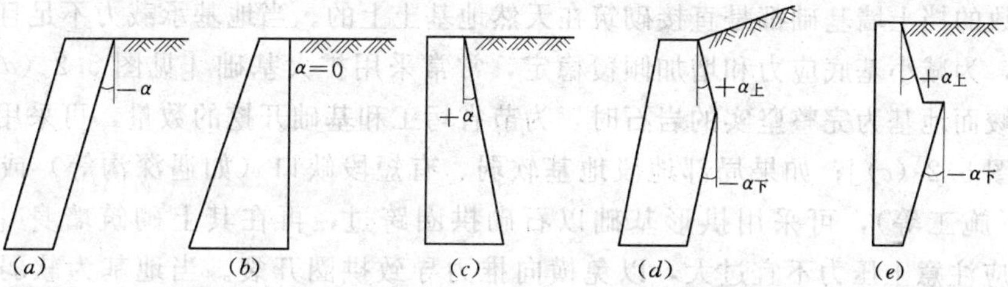

图 5.1 重力式挡土墙的几种常用形式

仰斜式墙背的坡度不宜缓于 1∶0.3（即 $\alpha \leqslant -16°42'$），以免施工困难。

俯斜式墙背所受的土压力较仰斜式墙背大。当地面横坡陡峻时，俯斜式挡土墙可采用陡直的墙面或近于陡直的 1∶0.05 的墙面坡度，借以减小墙高。俯斜式挡土墙的墙背坡度一般为 1∶0.15～1∶0.4（即 $\alpha = +8°32' \sim +21°48'$），亦可将墙背做成台阶形，以增加墙背与填料间的摩擦力。

垂直式墙背的特点介于仰斜式墙背和俯斜式墙背之间。

凸形折线式墙背是将仰斜式挡土墙的上部墙背改为俯斜式，以减小上部断面尺寸，故断面较仰斜式挡土墙还节省。衡重式挡土墙是在凸形折线式挡土墙的上下墙之间增设一平台（称为衡重台），并采用陡直墙面。衡重式挡土墙和凸形折线式挡上墙的上墙俯斜墙背的坡度为 1∶0.25～1∶0.45，下墙仰斜墙背在左右。上下墙的墙高比一般采用 2∶3，它与衡重台的宽度和上下墙的墙背坡度有关，应按断面经济、技术合理的原则确定。

2. 墙面

墙面一般均为平面，其坡度应与墙背坡度相协调，墙面坡度又直接影响挡土墙的高度。因此，当地面横坡较陡时，墙面坡度一般为 1∶0.05～1∶0.2，矮墙可以采用陡直墙面；当地面平缓时，墙面坡度一般采用 1∶0.20～1∶0.35 较为经济，但是不宜缓于 1∶0.4，以免过分增加墙高。

根据经验，俯斜式、衡重式和凸形折线式挡土墙可采用 1∶0.05 近乎于陡直的墙面坡度。仰斜式挡土墙的墙面坡度可采用与墙背相同的坡度；两者也可以不同，视墙前地面横坡可采用 1∶0.15～1∶0.25 的墙面坡度。垂直式挡土墙的墙面坡度一般常采用1∶0.25左右。

3. 墙顶

墙顶最小宽度，对于浆砌块石、片石挡土墙，应不小于 0.50m；对于干砌挡土墙，应不小于 0.60m。钢筋混凝土挡土墙的墙顶宽度，按施工条件确定，一般不应小于 0.20m。浆砌路肩墙墙顶一般宜采用粗料石或 C15 级混凝土材料作帽石，通常厚度为 0.40m，突出墙顶外的宽度一般为 0.20m。如果不做顶帽或为路堤墙和路堑墙，墙顶应用 0.20m 厚的 M5 砂浆抹平，或用较大石块砌筑并勾缝。干砌挡土墙墙顶部 0.50m 厚度内，宜用 M5 砂浆砌筑，以求稳定。干砌挡土墙的高度一般不宜大于 6m。

5.3.2.2 基础

挡土墙的稳定性和强度，在很大程度上取决于基础的稳定性和强度。在实际工程中，挡土墙的破坏在很多情况下都是由于基础不良引起的。因此，必须重视挡土墙的基础设计。

1. 基础的类型

大多数的挡土墙基础都是直接砌筑在天然地基土上的。当地基承载力不足且墙趾处地形平坦时，为减小基底应力和增加倾覆稳定，常常采用扩大基础［见图 5.2（*a*）、（*b*）］；当地面陡峻而地基为完整坚实的岩石时，为节省圬工和基础开挖的数量，可采用切割台阶基础［见图 5.2（*c*）］；如果局部地段地基软弱、有短段缺口（如遇深沟等）或挖基困难（如需水下施工等），可采用拱形基础以石砌拱圈跨过，再在其上砌筑墙身［见图 5.2（*d*）］，但应注意土压力不宜过大，以免横向推力导致拱圈开裂。当地基为软弱土层（如淤泥质土、杂填土等）时，可采用砂砾、碎石、矿渣或灰土等质量较好的材料予以填换，以扩散基底压应力［见图 5.2（*e*）］。此外，还可采用凸榫基础、锚桩基础来提高挡土墙的稳定性，采用桩基础来提高地基承载力等（见图 5.3）。

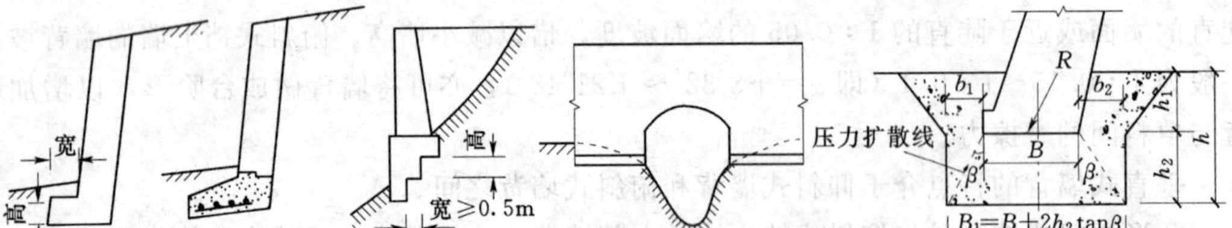

图 5.2　挡土墙常见基础形式

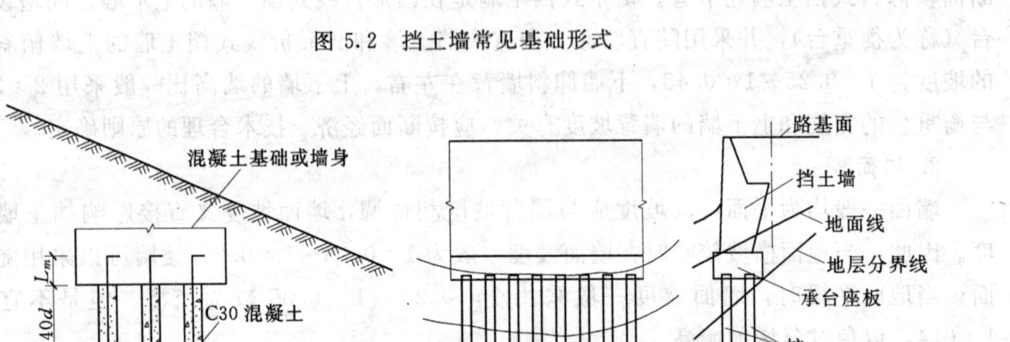

图 5.3　岩石锚桩基础及桩基础

（*a*）岩石锚桩基础；（*b*）桩基础

扩大基础的基础加宽值 ΔB 视基底应力需要减小的程度和加宽后的合力偏心距大小而定，一般不宜小于 0.20m。加宽台阶高度 Δh 按加宽部分的抗剪、抗弯拉和基础材料的刚性角要求确定（刚性角即为扩散角，对于浆砌砖、片石、块石和粗料石为 35°，对于混凝土应不大于 45°）。当基底压应力超过地基承载力过多时，需要加宽的数值较大，为避免加宽部分的台阶过高，可改用钢筋混凝土底板［见图 5.2（*b*）］，其厚度由剪力和主拉应力来控制。

2. 基础的埋置深度

为保证挡土墙基础的稳定性，必须根据下列要求，将基础埋入地面以下适当深度。

首先，应保证基底可能出现的最大应力不超过地基的容许承载力，避免地基产生剪切破坏，保证基础稳定。其次，应保证基础不受冲刷。因此，在墙前地基受水冲刷地段，如果未采用专门的防冲刷措施，应将基础埋至冲刷线以下，以免基底和墙趾前的土层被水淘蚀。在季节性冰冻地区，应将基础埋至冰冻线以下，以防止基础因地基冻融而破坏。

对于上述要求，工程上的一般规定如下：

（1）基础埋置于土质地基上时：

1）无冲刷时，应在天然地面以下至少 1.0m。

2）有冲刷时，应在冲刷线以下至少 1.0m。

3）受冻胀影响时，应在冻结线以下不少于 0.25m。当冻深超过 1.0m 时，仍采用 1.25m，但基底应夯填一定厚度的砂砾或碎石垫层，垫层底面也应位于冻结线以下不少于 0.25m。不冻胀土层中的基础，例如岩石、卵石、砾石、中砂或粗砂等，基础埋置深度可不受冻深的限制。

4）风化后强度锐减的地基，应在地面以下至少 1.5m（包括换填的砂石垫层厚度在内）。

（2）路堑挡土墙基础底面应在路肩以下不小于 1.0m，并低于边沟砌体底面不小于 0.20m。

（3）对于岩石地基，应清除表面风化层。当风化层较厚难以全部清除时，可根据地基的风化程度及其容许承载力将基底埋置在风化层中。

（4）当墙趾前地面横坡较大时，基底埋置深度用趾前安全襟边宽度 L 来控制，具体规定如表 5.3 所示。

表 5.3　　　安全襟边宽度

岩层的类别	安全襟边宽度 L（m）	基础埋置深度 h（m）
较完整的坚硬岩石	0.25～0.50	0.25
一般岩石（如砂页岩互层等）	0.60～1.50	0.60
松散岩石（如千枚岩）	1.00～2.00	1.00
砂夹砾石	1.50～2.50	≥1.00

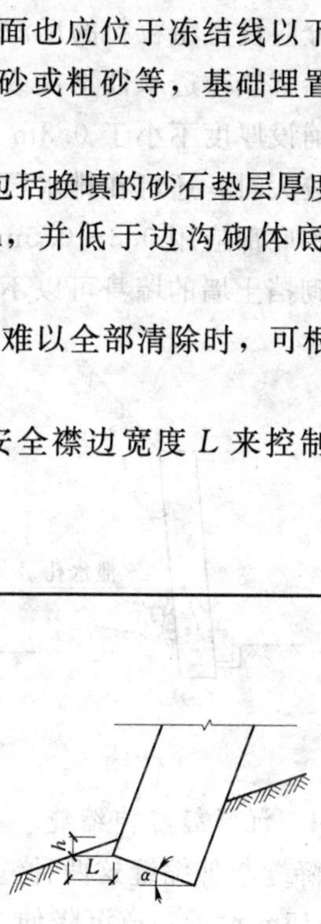

（5）当挡土墙位于地质不良地段，地基土内可能出现滑动面时，应进行地基抗滑稳定性的验算，将基础底面埋置在滑动面以下，或采用其他措施，以防止挡土墙滑动。

5.3.2.3　排水设施

挡土墙常用的排水设施可以分为地面排水和墙身排水两部分。

地面排水主要是防止地表水渗入墙背土体或地基。防止地表水渗入墙后土体的主要措施有：在墙后地面设置排水沟，引排地面水；夯实回填土和地表松土，防止雨水及地面水下渗，必要时还需采取封闭处理等。防止地表水渗入地基的主要措施是加固边沟（路堑墙）或在适当位置设置排水沟。

墙身排水主要是为了迅速排除土内积水。其方法是在浆砌挡土墙（浆砌砖、片石、块石、粗料石）墙身的适当高度处设置一排或数排泄水孔（见图 5.4）。当墙不高时可在墙前地面以上设一排泄水孔，当墙高时可在上部加设一排泄水孔。对于衡重式挡土墙可在衡重台处增设一排泄水孔。泄水孔尺寸可视泄水量的大小分别采用5cm×10cm、10cm×10cm、15cm×20cm的矩形孔，或直径为5～10cm的圆形孔。泄水孔间距一般为2～3m；干旱地区可以适当增大泄水孔间距；当渗水量较大时，可以适当加密。上、下排泄水孔应交错布置。为保证顺利泄水和避免墙外水流倒灌，泄水孔应向外侧倾斜3%～5%，且最下一排泄水孔的出水口应高出墙前地面0.3m；若为路堑墙，最下一排泄水孔的出水口应高出边沟水位0.3m；若为浸水挡土墙，则最下一排泄水孔的出水口应高出常水位0.3m。为防止水分渗入地基，最下一排泄水孔进水口的底部应铺设厚的黏土隔水层。泄水孔的进水口部分应设置粗粒料的反滤层，以免孔道阻塞，当有冻胀可能时，最好用炉渣覆盖。

当墙背填土透水性不良或可能发生冻胀时，应在最下一排泄水孔至墙顶以下0.5m的范围内铺设厚度不小于0.3m的砂、卵石等渗水材料，做成连续排水层（见图5.4）；当泄水量较大时，还可在排水层的底部加设纵向渗沟，配合排水层将水排泄到墙外。排水层的顶部和底部应用0.3～0.5m厚的胶泥（或其他不透水材料）封闭，以防水流下渗。

干砌挡土墙的墙身可以不设泄水孔。

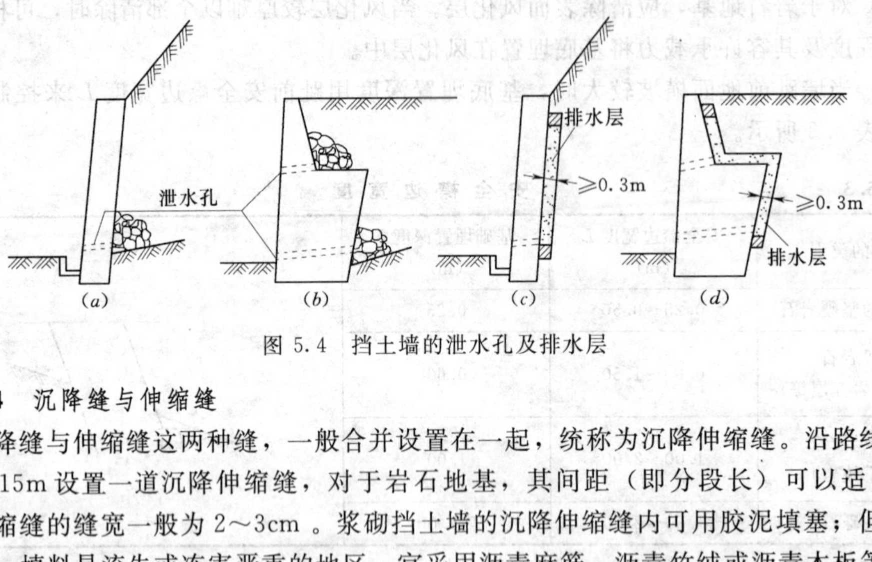

图5.4　挡土墙的泄水孔及排水层

5.3.2.4　沉降缝与伸缩缝

沉降缝与伸缩缝这两种缝，一般合并设置在一起，统称为沉降伸缩缝。沿路线方向每隔10～15m设置一道沉降伸缩缝，对于岩石地基，其间距（即分段长）可以适当增大。沉降伸缩缝的缝宽一般为2～3cm。浆砌挡土墙的沉降伸缩缝内可用胶泥填塞；但在渗水量较大、填料易流失或冻害严重的地区，宜采用沥青麻筋、沥青竹绒或沥青木板等弹性材料，沿墙内、外、顶三边填塞，深度不宜小于0.15m；当为路堑墙或墙背填料为填石且冻害不严重时，可仅留空缝，不嵌填料。

干砌挡土墙的沉降伸缩缝两侧应选用平整石料砌筑，使其成垂直通缝。

5.3.2.5　材料要求

挡土墙使用的砖石及混凝土材料，应质地均匀、强度符合要求，并具有耐风化和抗侵蚀的性能；在冰冻地区，尚应具有耐冻性。

挡土墙使用的材料应符合以下要求：

(1) 块石应大致方正，其厚度应不小于0.15m，宽度和长度相应为厚度的1.5～2倍和1.5～3倍较为合适。片石应具有两个大致平行的面，其厚度不应小于0.15m，其中一条边长不小于0.30m，体积不小于$0.01m^3$。

(2) 用大卵石砌筑时，石料应经过选择，并剖开或凿毛，使之具有两个较大的平行面。砌筑时，不应形成通缝和过大的三角缝，砂浆需饱满。

(3) 砌筑挡土墙采用的砂浆强度等级可按照表 5.4 选用。

表 5.4　　砌筑挡土墙用砂浆强度等级

挡土墙类型、部位及用途	砂浆强度等级
一般挡土墙	M5.0
浸水挡土墙水位以下部分	M7.5
勾缝用	比相应砌筑强度等级提高一级，并不得低于 M5.0

在高寒地区、地震设防烈度 8 度（地震动峰值加速度系数 0.3g）且墙高大于 12m 以及地震设防烈度 9 度以上（地震动峰值加速度系数大于 0.4g）的地震区，砂浆强度等级按表 5.4 所列强度等级提高一级。

(4) 各项材料的最低强度等级：石料抗压强度不小于 30MPa（MU30）；混凝土 C15；砖 MU10，但砖砌体不宜用于盐渍土地区的挡土墙。

(5) 如果干砌挡土墙较高，最好采用块石砌筑。当墙高超过 6m 或石料质量较低时，可沿墙高每隔 3～4m 设置厚度不小于 0.5m 的砂浆水平层，以增加墙身的稳定性。

5.3.3　土压力计算

5.3.3.1　库仑理论及土压力

1. 库仑理论的适用范围

库仑理论的适用范围如下：

(1) 库仑理论虽有不够严密完整之处，但概念简单明了，适用范围较广，可用以解算各种墙背情况，但必须为平面或近似平面。

(2) 库仑理论较适用于砂性土，计算所得主动土压力值与实际情况比较接近。库仑理论应用于黏性土时，以破裂面为平面代替曲面的假设所引起的计算误差并不太大。但是，影响黏性土强度的不定因素很多，难以确定恰当的抗剪强度计算指标；同时，目前也缺乏计算黏性土压力的实践经验，通常采用“换算内摩擦角法”。

(3) 库仑理论仅适用于刚性挡土墙。柱板式、锚杆式和锚定板式等柔性挡土墙，目前尚无成熟的理论及方法计算土压力，可作某些近似假设（忽略墙身柔性和锚杆的存在对墙背土压应力分布的影响后），暂按库仑理论计算。

(4) 库仑理论用于仰斜式墙背时，墙背坡度以不缓于 1∶0.3 或 1∶0.35 为宜，以免出现较大误差，并偏于安全。

(5) 当天然山坡或墙后地面坡度 i 大于土的内摩擦角时，不能采用库仑方法求解。

2. 一般情况下的主动土压力计算公式

以库仑理论为基础，按墙背后填土表面的形状和车辆荷载分布情况的不同，可推导出各种条件下的主动土压力计算公式，具体的推导过程此处从略，现将其计算公式列于表 5.5，供设计者选用。

利用表 5.5 计算主动土压力时，需先确定破裂角 θ（见图 5.5），即确定产生最大土压力的破裂面。这一破裂面将按哪一种边界条件出现，事先并不知道，因此必须进行试算。

表 5.5　主动土压力计算公式

编号	类型	计算图式及土压力分布图形	计算公式
1	路堑墙或路堤墙墙后填土表面为平面，无荷载	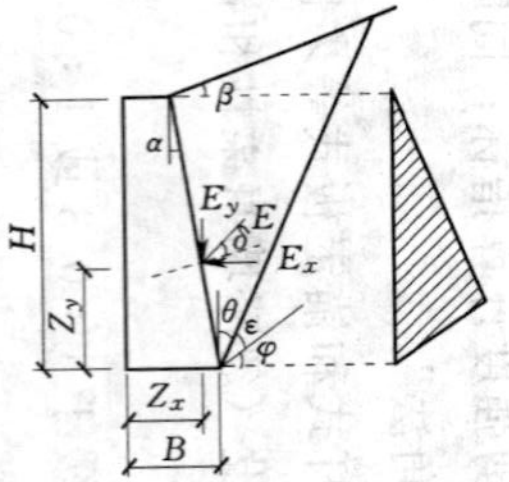	(1) 破裂角：$\theta=90°-\varphi-\varepsilon$ $\tan\varepsilon=\dfrac{\sqrt{\tan(\varphi-\beta)[\tan(\varphi-\beta)+\cot(\varphi-\alpha)][1+\tan(\varphi-\delta)\cot(\varphi-\alpha)]}-\tan(\varphi-\beta)}{1+\tan(\alpha+\delta)[\tan(\varphi-\beta)+\cot(\varphi-\alpha)]}$ (2) 主动土压力：$E=\dfrac{1}{2}\gamma H^2K$ $E_x=E\cos(\alpha+\delta)$ $E_y=E\sin(\alpha+\delta)$ (3) 主动土压力系数：$K=\dfrac{\cos^2(\varphi-\alpha)}{\cos^2\alpha\cos(\alpha+\delta)\left[1+\sqrt{1+\dfrac{\sin(\varphi+\delta)\sin(\varphi-\delta)}{\cos(\alpha+\delta)\cos(\alpha-\beta)}}\right]^2}$ (4) 土压力作用点：$Z_y=\dfrac{1}{3}H$ $Z_x=B-Z_y\tan\alpha$
2	墙后填土表面为折面，破裂面交于路肩	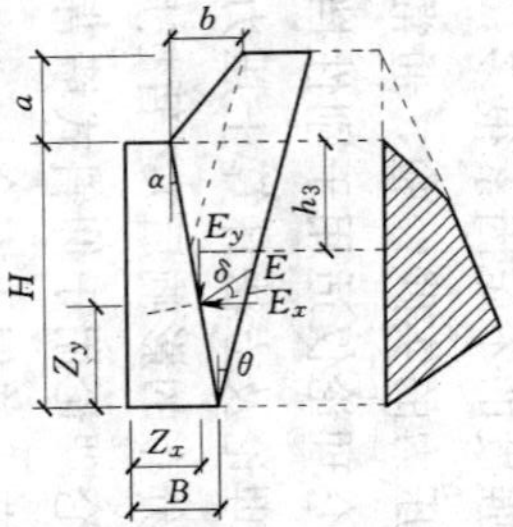	(1) 破裂角：$\tan\theta=-\tan\psi\pm\sqrt{(\cot\varphi+\tan\psi)(\tan\psi+A)}$ $\psi=\varphi+\alpha+\delta$ $A=\dfrac{ab-H(H+2a)\tan\alpha}{(H+a)^2}$ (2) 主动土压力：$E=\dfrac{1}{2}\gamma H^2K$ $E_x=E\cos(\alpha+\delta)$ $E_y=E\sin(\alpha+\delta)$ (3) 主动土压力系数：$K=\dfrac{\cos(\theta+\varphi)}{\sin(\theta+\psi)}(\tan\theta+\tan\alpha)$ $K_1=1+\dfrac{2a}{H}\left(1-\dfrac{h_3}{2H}\right)$ $h_3=\dfrac{b-a\tan\theta}{\tan\theta+\tan\alpha}$ (4) 土压力作用点：$Z_y=\dfrac{H}{3}+\dfrac{a(H-h_3)^2}{3H^2K_1}$ $Z_x=B-Z_y\tan\alpha$

续表

编号	类型	计算图式及土压力分布图形	计　算　公　式
3	墙后填土表面为折面，破裂面交于荷载内	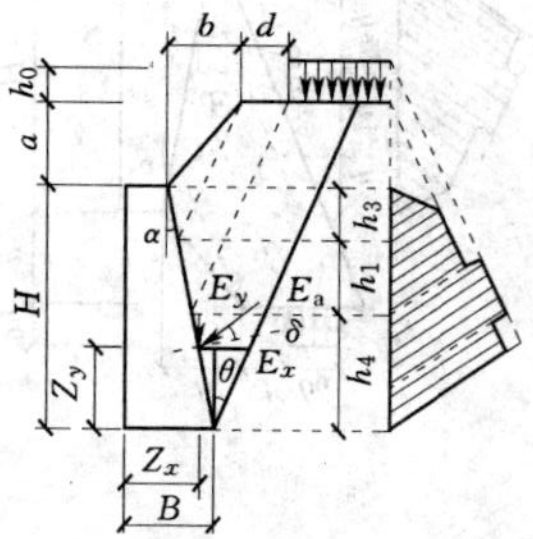	(1) 破裂角：$\tan\theta = -\tan\psi \pm \sqrt{(\cot\psi + \tan\psi)(\tan\psi + A)}$ $\psi = \varphi + \alpha + \delta$ $A = \dfrac{ab + 2h_0(b+d) - H(H+2a+2h_0)\tan\alpha}{(H+a)(H+a+2h_0)}$ (2) 主动土压力：$E = \dfrac{1}{2}\gamma H^2 K K_1$ $E_x = E\cos(\alpha+\delta)$ $E_y = E\sin(\alpha+\delta)$ (3) 主动土压力系数：$K = \dfrac{\cos(\theta+\varphi)}{\sin(\theta+\psi)}(\tan\theta + \tan\alpha)$ $K_1 = 1 + \dfrac{2a}{H}\left(1 - \dfrac{h_3}{2H}\right) + \dfrac{2h_0 h_4}{H^2}$ $h_1 = \dfrac{d}{\tan\theta + \tan\alpha}$ $h_3 = \dfrac{b - a\tan\theta}{\tan\theta + \tan\alpha}$ $h_4 = H - h_1 - h_3$ (4) 土压力作用点：$Z_y = \dfrac{H}{3} + \dfrac{a(H-h_3)^2 + h_0 h_4 (3h_4 - 2H)}{3H^2 K_1}$ $Z_x = B - Z_y \tan\alpha$

续表

编号	类型	计算图式及土压力分布图形	计 算 公 式
4	墙后填土表面为折面，破裂面交于荷载外	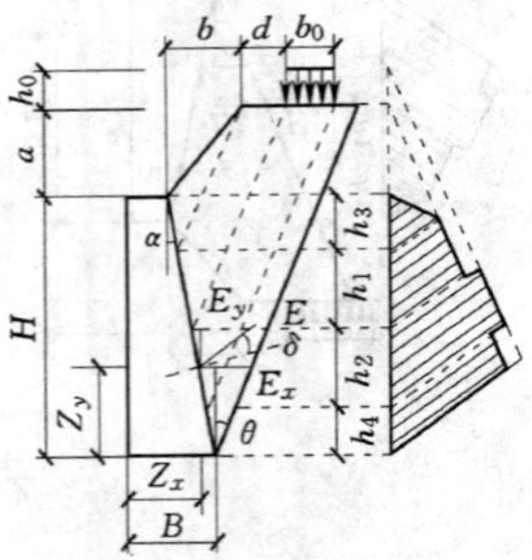	(1) 破裂角：$\tan\theta = -\tan\psi \pm \sqrt{(\cot\varphi + \tan\psi)(\tan\psi + A)}$ $\psi = \varphi + \alpha + \delta$ $A = \dfrac{ab - 2b_0h_0 - H(H+2a)\tan\alpha}{(H+a)^2}$ (2) 主动土压力：$E = \dfrac{1}{2}\gamma H^2 K K_1$ $E_x = E\cos(\alpha + \delta)$ $E_y = E\sin(\alpha + \varphi)$ (3) 主动土压力系数：$K = \dfrac{\cos(\theta + \varphi)}{\sin(\theta + \psi)}(\tan\theta + \tan\alpha)$ $K_1 = 1 + \dfrac{2a}{H}\left(1 - \dfrac{h_3}{2H}\right) + \dfrac{2h_0h_2}{H^2}$ $h_1 = \dfrac{d}{\tan\theta + \tan\alpha}$ $h_2 = \dfrac{b_0}{\tan\theta + \tan\alpha}$ $h_3 = \dfrac{b - a\tan\theta}{\tan\theta + \tan\alpha}$ $h_4 = H - h_1 - h_2 - h_3$ (4) 土压力作用点：$Z_y = \dfrac{H}{3} + \dfrac{a(H-h_3)^2 + h_0h_2(3h_2 + 6h_4 - 2H)}{3H^2K_1}$ $Z_x = B - Z_y\tan\alpha$

首先可假定破裂面交于荷载内，选用表 5.5 中相应的公式计算破裂角 θ，再利用破裂角 θ 校核破裂面是否与假定相符，若与假定不符合，则应根据计算的破裂角重新假定破裂面，按相应的公式重复上述计算，直至相符为止，最后根据此破裂角计算最大主动土压力。

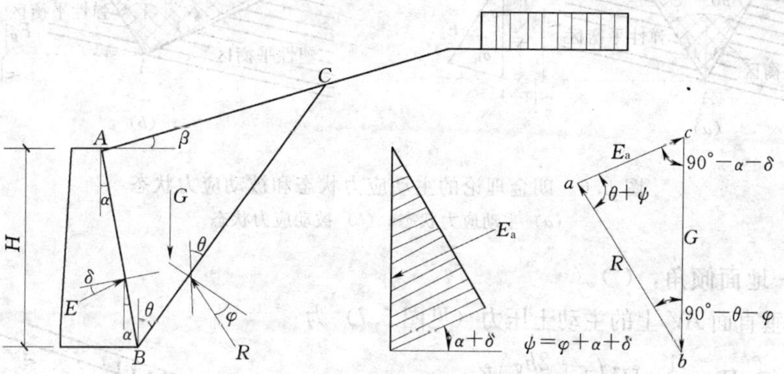

图 5.5　库仑主动土压力

在个别场合下，有可能出现下述情况：若按破裂面交于荷载内计算出的 θ，验算出破裂面交于荷载外，而再按破裂面交于荷载外计算出的 θ 验算出破裂面又交于荷载内，此时则按破裂面交于荷载外边缘计算破裂角及主动土压力。

5.3.3.2　朗金理论及土压力

1. 朗金理论的基本假设和使用条件

朗金理论的基本假设和使用条件如下：

（1）假设填料表面为一平面，且沿深度和侧向都无限延伸，为了达到主动应力状态，土层须向侧向伸张；为了达到被动压力状态，土层须向侧向压缩。

（2）朗金主动应力状态或被动应力状态只存在于破裂棱体之内，破裂棱体之外依旧处于弹性平衡状态。

（3）土是砂性的，不考虑黏聚力。

（4）土中发生剪切时，破裂面为直线。

（5）朗金理论适用于地面横坡 i 小于填土内摩擦角 φ，地面为任意形状，无荷载或有连续均布荷载作用情况。

2. 朗金破裂角及主动土压力公式

当填料向侧方向伸张而达到塑性平衡状态时，填料内出现两簇剪切面（或破裂面）。该两簇剪切面的夹角为 $90°-\varphi$。靠墙远的剪切面（称为第一破裂面）与垂直面 AV 的夹角（见图 5.6）为

$$\beta_i=\frac{1}{2}(90°-\varphi)+\frac{1}{2}(\varepsilon-\beta)$$

靠墙近的剪切面（称为第二破裂面）与垂直面 AV 的夹角为

$$\alpha_i=\frac{1}{2}(90°-\varphi)-\frac{1}{2}(\varepsilon-\beta)$$

其中

$$\varepsilon=\arcsin\frac{\sin\beta}{\sin\varphi}$$

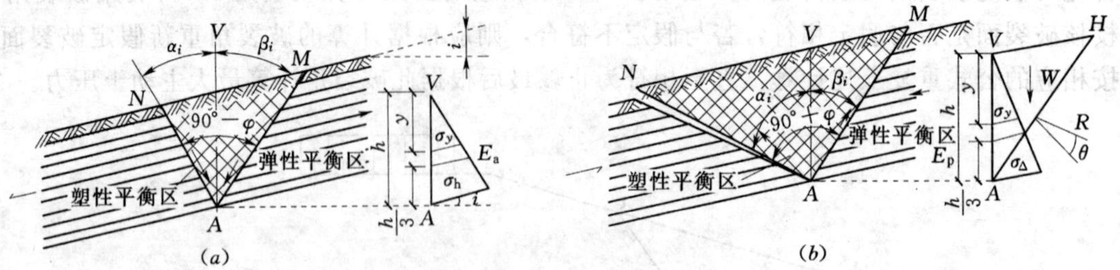

图 5.6 朗金理论的主动应力状态和被动应力状态

(a) 主动应力状态；(b) 被动应力状态

式中 β——地面倾角，(°)。

作用在垂直面 AV 上的主动土压力（见图 5.7）为

$$E_a=\frac{1}{2}\gamma H^2\left(1+\frac{2h_0}{H}\right)K_a$$

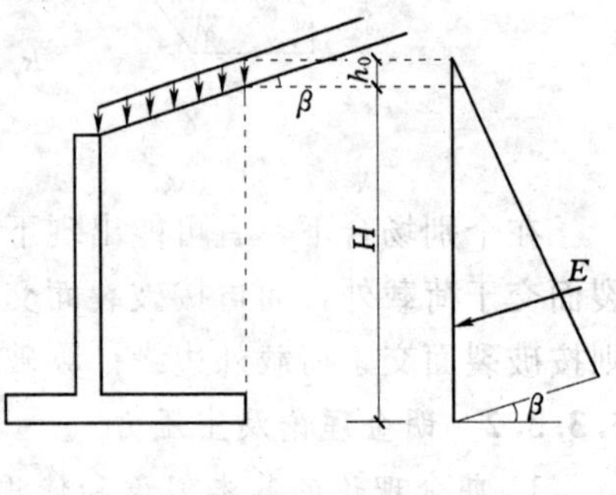

图 5.7 朗金主动土压力

其中 $$K_a=\cos\beta\frac{\cos\beta-\sqrt{\cos^2\beta-\cos^2\varphi}}{\cos\beta+\sqrt{\cos^2\beta-\cos^2\varphi}}$$

式中 E_a——朗金主动土压力，kN；

γ——填料容重，kN/m^3；

H——墙的计算高度，m；

h_0——车辆荷载的换算土柱高，m；

K_a——朗金主动土压力系数。

当地面水平时，即 $\beta=0$ 时，主动土压力为

$$E_a=\frac{1}{2}\gamma H^2\left(1+\frac{2h_0}{H}\right)\frac{1-\sin\varphi}{1+\sin\varphi}=\frac{1}{2}\gamma H^2\left(1+\frac{2h_0}{H}\right)\tan^2\left(45°-\frac{\varphi}{2}\right)$$

3. 朗金被动土压力计算

当填料向两侧方向压缩而达到塑性平衡状态时，破裂角 θ_i、α_i 可分别按下列公式确定：

$$\theta_i=\frac{1}{2}(90°+\varphi)-\frac{1}{2}(\varepsilon+\beta)$$

$$\alpha_i=\frac{1}{2}(90°+\varphi)+\frac{1}{2}(\varepsilon+\beta)$$

当地面水平时，即 $\beta=0$，则有

$$\theta_i=45°+\frac{\varphi}{2}$$

作用在垂直面 AV 上的总被动土压力为

$$E_p=\frac{1}{2}\gamma H^2\left(1+\frac{2h_0}{H}\right)K_p$$

其中 $$K_p=\cos\beta\frac{\cos\beta+\sqrt{\cos^2\beta-\cos^2\varphi}}{\cos\beta-\sqrt{\cos^2\beta-\cos^2\varphi}}$$

式中 K_p——朗金被动土压力系数。

当地面水平时，即 $\beta=0$ 时，被动土压力为

$$E_p=\frac{1}{2}\gamma H^2\left(1+\frac{2h_0}{H}\right)\frac{1+\sin\varphi}{1-\sin\varphi}=\frac{1}{2}\gamma H^2\left(1+\frac{2h_0}{H}\right)\tan^2\left(45^\circ+\frac{\varphi}{2}\right)$$

当无表面荷载时，被动土压力为

$$E_p=\frac{1}{2}\gamma H^2\tan^2\left(45^\circ+\frac{\varphi}{2}\right)$$

5.3.3.3　第二破裂面的土压力

1. 第二破裂面出现的条件

按库仑理论，挡土墙后破裂棱体有两个边界条件：一个是土体中的破裂面，另一个是墙背。但当为俯斜式墙背或假想墙背平缓时，土楔就可能不沿墙背滑动，而沿着另一个较陡的滑动面滑动。该滑动面称为第二破裂面或外破裂面（见图 5.8）。

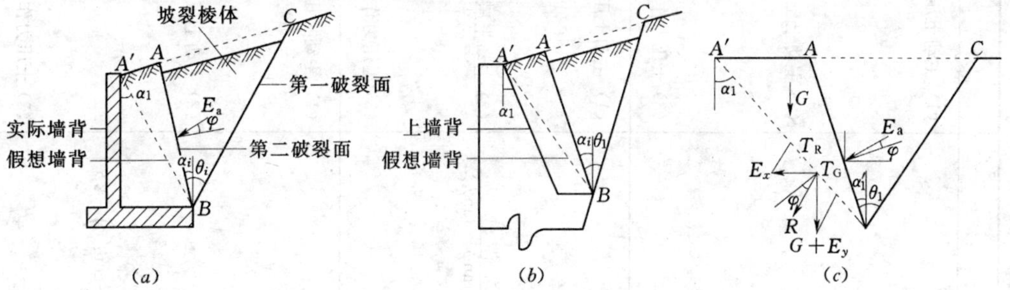

图 5.8　出现第二破裂面的土压力

出现第二破裂面有以下两个条件：

(1) 墙背或假想墙背的倾角 α_1' 大于第二破裂面倾角 α_i，即墙背不妨碍出现第二破裂面。

(2) 在墙背或假想墙背上产生的抗滑力必须大于其下滑力，即 $T_R>T_G$ 或 $E_x\tan(\alpha_1'+\delta)>G+E_y$，使破裂棱体不会沿墙背或假想墙背下滑。

一般俯斜式挡土墙，为避免土压力过大，很少采用平缓背坡，故不容易出现第二破裂面。衡重式挡土墙的上墙假想墙背、悬臂式挡土墙和扶壁式挡土墙的假想墙背以及凸形折线式挡土墙的上墙墙背，由于背坡平缓，故可能出现第二破裂面，设计时应首先加以判别，然后再应用相应的公式计算土压力。

判别是否会出现第二破裂面，首先需要确定第一破裂面的位置，即假定两组破裂面出现的位置，按表 5.6 中相应的公式计算第一破裂面的破裂角 θ_i，以确定第一破裂面的位置，以此结果验核所假设的破裂面位置是否正确。如果与假设相符，则按此情况相应的公式计算第二破裂角 α_i；如果与假设不符，需要另行假定第一破裂面的位置，再作计算，直至两者相符，并计算出第二破裂面倾角 α_i。有时会出现两种破裂面位置均相符的情况，则应采用其土压力值较大的那一组破裂面位置。

此后，按上述计算所得的第二破裂面倾角 α_i 与墙背或假想墙背倾角 α_1（或 α_1'）相比较，若 $\alpha_i>\alpha_1$（或 $\alpha_i>\alpha_1'$），表明不会出现第二破裂面，可以按一般库仑公式（见表 5.5）计算土压力；若 $\alpha_i<\alpha_1$（或 $\alpha_i<\alpha_1'$），表明会出现第二破裂面，应按出现第二破裂面的库仑公式计算土压力（见表 5.6）。

表 5.6 各种边界条件下出现第二破裂面时的主动土压力计算公式

编号	类型	计算图式及土压力分布图形	破裂角计算	主动土压力及土压力系数计算公式
1	路肩墙破裂面交于荷载内	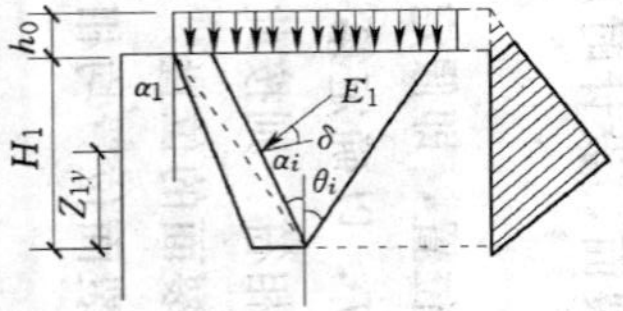	$\alpha_i=\theta_i=45°-\frac{\varphi}{2}$	(1) 主动土压力：$E_1=\frac{1}{2}rH_1{}^2KK_1$ $E_{1x}=E_1\cos(\alpha_i+\varphi)$ $E_{1y}=E_1\sin(\alpha_i+\varphi)$ (2) 主动土压力系数：$K=\frac{\tan^2\left(45°-\frac{\varphi}{2}\right)}{\cos\left(45°+\frac{\varphi}{2}\right)}$ $K_1=1+\frac{2h_0}{H_1}$ (3) 土压力作用点：$Z_{1y}=\frac{H_1}{3}+\frac{h_0}{3K_1}$
2	路肩墙第一破裂面交于荷载外边缘	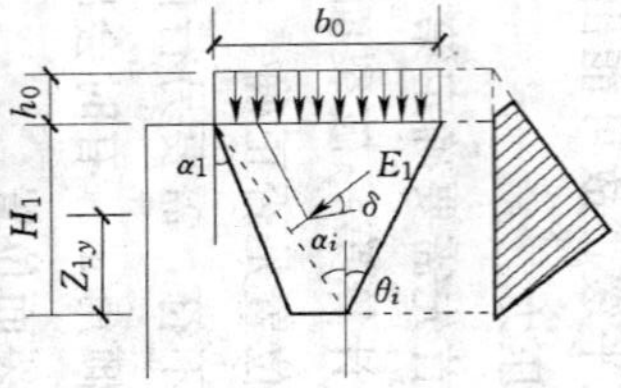	$\tan\theta_i=\frac{b_0}{H_1}-\tan\alpha_1'$ $\tan\alpha_i=-\tan\psi\pm\sqrt{(\cot\varphi+\tan\psi)(\tan\psi-\tan\theta_i)}$ $\psi=2\varphi+\theta_i$	(1) 主动土压力：$E_1=\frac{1}{2}rH_1{}^2KK_1$ $E_{1x}=E_1\cos(\alpha_i+\varphi)$ $E_{1y}=E_1\sin(\alpha_i+\varphi)$ (2) 主动土压力系数：$K=\frac{\cos(\theta_i+\varphi)}{\cos(\theta_i+\alpha_i+2\varphi)}(\tan\theta_i+\tan\alpha_i)$ $K_1=1+\frac{2h_0}{H_1}$ (3) 土压力作用点：$Z_{1y}=\frac{H_1}{3}+\frac{h_0}{3K_1}$
3	路肩墙第一破裂面交于荷载外	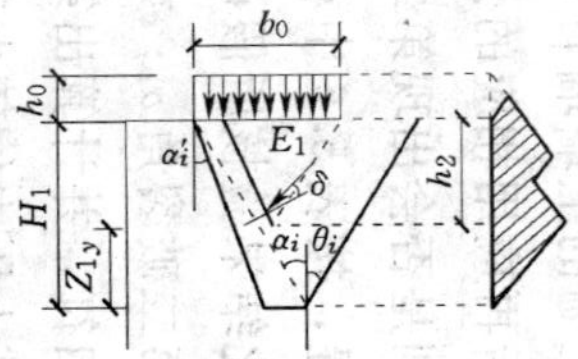	$\tan\theta_i=-Q\pm\sqrt{Q^2-R}$ $Q=p\csc2\varphi-\cot2\varphi$ $p=\sqrt{1+\frac{2h_0}{H_1}}$ $R=\cot\varphi\cot\varphi+\frac{1}{2}\csc^2\varphi$ $\times\left[p^2+\tan\varphi\left(\frac{2b_0h_0}{H_1}-\frac{2h_0}{H_1}\cot\alpha'_1\right)-2p\right]$ $\tan\alpha_i=\left(1-\frac{1}{p}\right)\cot\varphi+\frac{\tan\theta_i}{p}$	(1) 主动土压力：$E_1=\frac{1}{2}\gamma H_1{}^2KK_1$ $E_{1x}=E_1\cos(\alpha_i+\varphi)$ $E_{1y}=E_1\sin(\alpha_i+\varphi)$ (2) 主动土压力系数：$K=\frac{\cos(\theta_i+\varphi)}{\cos(\theta_i+\alpha_i+2\varphi)}(\tan\theta_i+\tan\alpha_i)$ $K_1=1+\frac{2h_0h_2}{H_1{}^2}$ $h_2=\frac{b_0-H_1(\tan\alpha'_1-\tan\alpha_i)}{\tan\theta_i+\tan\alpha_i}$ (3) 土压力作用点：$Z_{1y}=\frac{H_1}{3}+\frac{h_0h_2(4H_1-3h_2)}{3H_1{}^2K_1}$

续表

编号	类型	计算图式及土压力分布图形	破裂角计算	主动土压力及土压力系数计算公式
4	路堤墙或路堑墙第一破裂面交于边坡	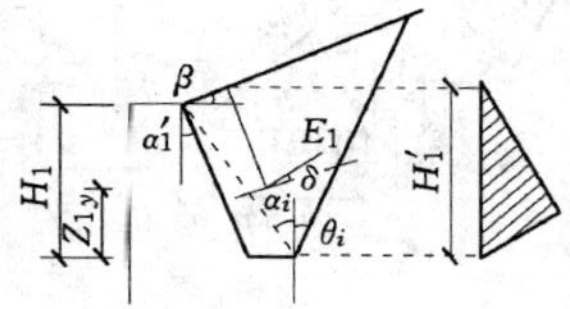	$\theta_i = \frac{1}{2}(90° - \varphi) + \frac{1}{2}(\varepsilon - \beta)$ $\alpha_i = \frac{1}{2}(90° - \varphi) - \frac{1}{2}(\varepsilon - \beta)$ $\varepsilon = \arcsin \frac{\sin\beta}{\sin\varphi}$	(1) 主动土压力：$E_1 = \frac{1}{2}\gamma H_1'^2 KK_1$ $E_{1x} = E_1\cos(\alpha_i + \varphi)$ $E_{1y} = E_1\sin(\alpha_i + \varphi)$ (2) 主动土压力系数： $K = \frac{\cos^2(\varphi - \alpha_i)}{\cos^2\alpha_i\cos(\alpha_i + \varphi)\left[1 + \sqrt{\frac{\sin 2\varphi \sin(\varphi - \beta)}{\cos(\alpha_i + \varphi)\cos(\alpha_i - \beta)}}\right]}$ $H_1' = H_1 \frac{1 + \tan\alpha_1'\tan\beta}{1 + \tan\alpha_i\tan\beta}$ (3) 土压力作用点：$Z_{1y} = \frac{H_1'}{3}$
5	路堤墙第一破裂面交于路肩	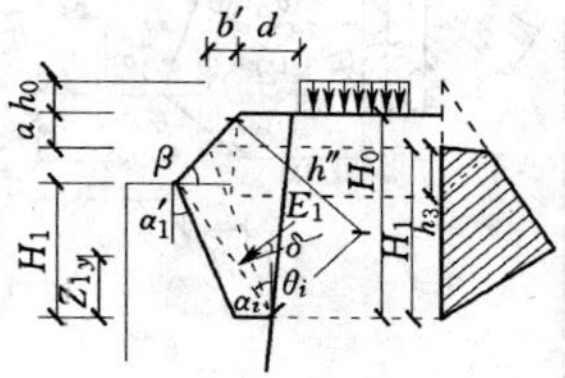	$\tan\theta_i = -Q \pm \sqrt{Q^2 - R}$ $Q = \frac{h''}{H_0}\csc(2\varphi + \beta) - \cot(2\varphi + \beta)$ $R = \cot\varphi\cot(2\varphi + \beta) + \frac{h''^2\cos(\varphi + \beta)}{H_0^2\sin\varphi\sin(2\varphi + \beta)}$ $\times\left\{1 + \frac{H_0^2}{h''^2}\tan(\varphi + \beta)\left[\frac{2h''}{H_0\sin\beta} - \cot\beta - \frac{h''^2}{H_0^2}\cot\beta\right]\right.$ $\left. - \frac{2H_0\cos\varphi}{h''\cos(\varphi + \beta)}\right\}$ $\tan(\alpha_i - \beta) = \cot(\varphi + \beta) - \frac{H_0\cos\varphi}{h''\cos(\varphi + \beta)}$ $\times(1 - \tan\varphi\tan\theta_i)$ $h'' = H_1\sin\beta(\cot\beta + \tan\alpha_1')$	(1) 主动土压力：$E_1 = \frac{1}{2}\gamma H_1^2 KK_1$ $E_{1x} = E_1\cos(\alpha_i + \varphi)$ $E_{1y} = E_1\sin(\alpha_i + \varphi)$ (2) 主动土压力系数：$K = \frac{\cos(\theta_i + \varphi)}{\cos(\theta_i + \alpha_i + 2\varphi)}(\tan\theta_i + \tan\alpha_i)$ $K_1 = 1 + \frac{2a'}{H_1'}(1 - \frac{h_3}{2H_1'})$ $H_1' = H_1 \frac{1 + \tan\alpha_i'\tan\beta}{1 + \tan\alpha_i\tan\beta}$ $a' = H_0 - H_1'$ $b' = a'\cot\beta$ $h_3 = \frac{b' - a'\tan\theta_i}{\tan\theta_i + \tan\alpha_i}$ (3) 土压力作用点：$Z_{1y} = \frac{H_1'}{3} + \frac{a'(H_1' - h_3)^2}{3H_1'^2 K_1}$

续表

编号	类型	计算图式及土压力分布图形	破裂角计算	主动土压力及土压力系数计算公式
6	路堤墙第一破裂面交于荷载内	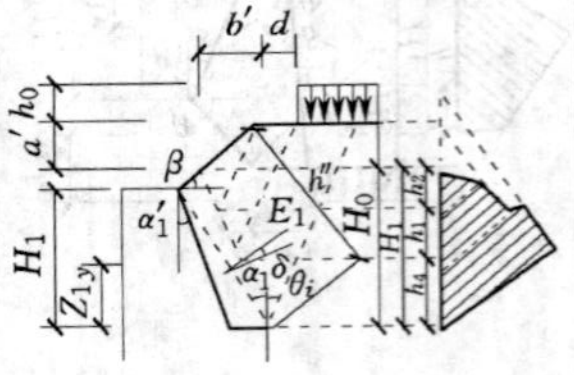	$\tan\theta_i = -Q \pm \sqrt{Q^2 - R}$ $Q = \frac{h''}{pH_0}\csc(2\varphi+\beta) - \cot(2\varphi+\beta)$ $p = \sqrt{1+\frac{2h_0}{H_0}}$ $R = \cot\varphi\cot(2\varphi+\beta) + \frac{h''^2\cos(\varphi+\beta)}{p^2H_0^2\sin\varphi\sin(2\varphi+\beta)}$ $\times\left\{1+\frac{H_0^2}{h''^2}\tan(\varphi+\beta)\left[\frac{2h''}{H_0\sin\beta}-\cot\beta-\frac{h''^2}{H_0^2}\cot\beta\right.\right.$ $\left.\left.-\frac{2h_0}{H_0}\left(\cot\beta-\frac{h''}{H_0\sin\beta}+\frac{d}{H_0}\right)\right]-\frac{2pH_0\cos\varphi}{h''\cos(\varphi+\beta)}\right\}$ $\tan(\alpha_i-\beta) = \cot(\varphi+\beta) - \frac{pH_0\cos\varphi}{h''\sin(\varphi+\beta)}$ $\times(1-\tan\varphi\tan\theta_i)$ $h'' = H_1\sin\beta(\cot\beta+\tan\alpha_1')$	(1) 主动土压力：$E_1 = \frac{1}{2}\gamma H_1'^2KK_1$ $E_{1x} = E_1\cos(\alpha_i+\varphi)$ $E_{1y} = E_1\sin(\alpha_i+\varphi)$ (2) 主动土压力系数：$K = \frac{\cos(\theta_i+\varphi)}{\cos(\theta_i+\alpha_i+2\varphi)}(\tan\theta_i+\tan\alpha_i)$ $K_1 = 1+\frac{2a'}{H_1'}\left(1-\frac{h_3}{2H_1'}\right)+\frac{2h_0h_4}{H_1'^2}$ $H_1' = H_1\frac{1+\tan\alpha'_1\tan\beta}{1+\tan\alpha_i\tan\beta}$ $a' = H_0 - H_1'$ $b' = a'\cot\beta$ $h_3 = \frac{b'-a'\tan\theta_i}{\tan\theta_i+\tan\alpha_i}$ $h_1 = \frac{d}{\tan\theta_i+\tan\alpha_i}$ $h_4 = H_1' - h_3 - h_1$ (3) 土压力作用点：$Z_{1y} = \frac{H_1'}{3}+\frac{a'(H_1'-h_3)^2+h_0h_4(3h_4-2H_1')}{3H_1'^2K_1}$
7	路堤墙第一破裂面交于荷载外边缘	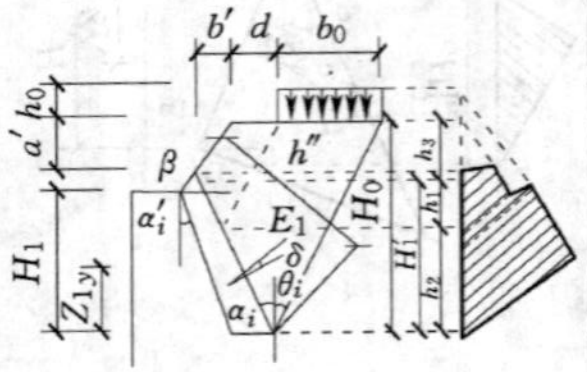	$\tan\theta_i$ 按几何尺寸求。 $\tan(\alpha_i-\beta) = \tan\psi_1$ $\pm\sqrt{\tan\psi_1\left[\tan\psi_1+\cot(\varphi+\beta)-p\frac{H_0^2}{h''^2}\right]}$ $\times\cot(\varphi+\beta)$ $p = \frac{h''}{H_0}\frac{1}{\sin\beta}-\frac{h''^2}{H_0^2}\cot\beta+\frac{2b_0h_0}{H_0^2}+\frac{d+b_0}{H_0}$ $\psi_1 = 2\varphi+\theta_i+\beta$ $h'' = H_1\sin\beta(\cot\beta+\tan\alpha_1')$	(1) 主动土压力：$E_1 = \frac{1}{2}\gamma H_1'^2KK_1$ $E_{1x} = E_1\cos(\alpha_i+\varphi)$ $E_{1y} = E_1\sin(\alpha_i+\varphi)$ (2) 主动土压力系数：$K = \frac{\cos(\theta_i+\varphi)}{\cos(\theta_i+\alpha_i+2\varphi)}(\tan\theta_i+\tan\alpha_i)$ $K_1 = 1+\frac{2a'}{H_1'}\left(1-\frac{h_3}{2H_1'}\right)+\frac{2h_0h_2}{H_1'^2}$ $H_1' = H_1\frac{1+\tan\alpha_i'\tan\beta}{1+\tan\alpha_i\tan\beta}$ $a' = H_0 - H_1'$ $b' = a'\cot\beta$ $h_3 = \frac{b'-a'\tan\theta_i}{\tan\theta_i+\tan\alpha_i}$ $h_2 = \frac{b_0}{\tan\theta_i+\tan\alpha_i}$ (3) 土压力作用点：$Z_{1y} = \frac{H_1'}{3}+\frac{a'(H_1'-h_3)^2+h_0h_2(3h_2-2H_1')}{3H_1'^2K_1}$

续表

编号	类型	计算图式及土压力分布图形	破裂角计算	主动土压力及土压力系数计算公式
8	路堤墙第一破裂面交于荷载外	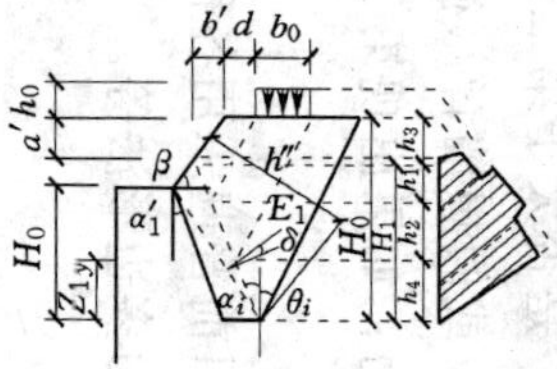	$\tan\theta_i = -Q \pm \sqrt{Q^2 - R}$ $Q = \frac{h''}{pH_0}\csc(2\varphi+\beta) - \cot(2\varphi+\beta)$ $R = \cot\varphi\cot(2\varphi+\beta) + \frac{h''^2\cos(\varphi+\beta)}{H_0^2\sin\varphi\sin(2\varphi+\beta)}$ $\times \left\{1 + \frac{H_0^2}{h''^2}\tan(\varphi+\beta)\right.$ $\times \left[\frac{2h''}{H_0\sin\beta} - \cot\beta - \frac{h''^2}{H_1'}\cot\beta\right.$ $\left.\left. + \frac{2b_0h_0}{H_0^2}\right] - \frac{2H_0\cos\varphi}{h''\cos(\varphi-\beta)}\right\}$ $\tan(\alpha_i - \beta) = \cot(\varphi+\beta) - \frac{H_0\cos\varphi}{h''\cos(\varphi+\beta)}$ $\times(1 - \tan\varphi\tan\theta_i)$ $h'' = H_1\sin\beta(\cot\beta + \tan\alpha_1')$	(1) 主动土压力：$E_1 = \frac{1}{2}\gamma H_1'^2 KK_1$ $E_{1x} = E_1\cos(\alpha_i + \varphi)$ $E_{1y} = E_1\sin(\alpha_i + \varphi)$ (2) 主动土压力系数：$K = \frac{\cos(\theta_i+\varphi)}{\cos(\theta_i+\alpha_i+2\varphi)}(\tan\theta_i + \tan\alpha_i)$ $K_1 = 1 + \frac{2a'}{H_1'}\left(1 - \frac{h_3}{2H_1'}\right) + \frac{2h_0h_2}{H_1'^2}$ $H_1' = H_1\frac{1+\tan\alpha_i'\tan\beta}{1+\tan\alpha_i\tan\beta}$ $a' = H_0 - H_1'$ $b' = a'\cot\beta$ $h_3 = \frac{b' - a'\tan\theta_i}{\tan\theta_i + \tan\alpha_i}$ $h_2 = \frac{b_0}{\tan\theta_i + \tan\alpha_i}$ $h_1 = \frac{d}{\tan\theta_i + \tan\alpha_i}$ $h_4 = H_1' - h_2 - h_3 - h_1$ (3) 土压力作用点： $Z_{1y} = \frac{H_1'}{3} + \frac{a'(H_1' - h_3)^2 + h_0h_2(6h_4 + 3h_2 - 2H_1')}{3H_1'^2K_1}$

2. 第二破裂面的土压力计算

出现第二破裂面的土压力计算公式是根据库仑理论推导出来的。当墙后土体中出现第二破裂面时，主动土压力是两个破裂面倾角的函数，它与两个破裂面出现的部位与局部荷载的位置、墙高、衡重台宽度及内摩擦角等因素有关。

由于挡土墙所承受的第二破裂面主动土压力 E_a 是第二破裂面倾角 α_i 和第一破裂面倾角 θ_i 的函数，而 E_x 是 E_a 的水平分力，故可以列出以下的函数关系式：

$$E_x=f(\alpha_i,\theta_i)$$

为了确定最不利破裂角 α_i、θ_i 及相应的主动土压力值，可以解下列偏微分方程组：

$$\left.\begin{aligned}\frac{\partial E_x}{\partial \alpha_i}=0\\ \frac{\partial E_x}{\partial \theta_i}=0\end{aligned}\right\}$$

并满足下述条件：

$$\left.\begin{aligned}\frac{\partial^2 E_x}{\partial \alpha_i^2}<0\\ \frac{\partial^2 E_x}{\partial \theta_i^2}<0\\ \frac{\partial^2 E_x}{\partial \alpha_i^2}\frac{\partial^2 E_x}{\partial {\theta_i}^2}-\left(\frac{\partial^2 E_x}{\partial \alpha_i \partial \theta_i}\right)<0\end{aligned}\right\}$$

各种边界条件下出现第二破裂面时的土压力计算公式，列于表 5.6，供设计者选用。

5.3.3.4 折线形墙背土压力

凸形墙背的挡土墙和衡重式挡土墙，其墙背不是一个平面，而是一个折面，称为折线形墙背。对于这类墙背，以墙背转折点或衡重台为界，分成上墙和下墙（见图 5.9），分别按库仑理论计算主动土压力，然后取两者的矢量和作为全墙的土压力。

计算上墙土压力时，不考虑下墙的影响，按俯斜式挡土墙墙背计算土压力。衡重式挡土墙的上墙，由于衡重台的存在，通常将墙顶内缘和衡重台后缘的连线视作假想的墙背，假定假想墙背与实际墙背间的土楔和实际墙背一起移动。计算时先按墙背倾角 α（凸形墙背）或假想墙背倾角 α'（衡重式）是否大于第二破裂角 α_i 进行判断，如果不出现第二破裂面，应以实际墙背（凸形墙背）或假想墙背（衡重式）为边界条件，按一般俯斜式挡土墙墙背计算上墙的库仑主动土压力；如果出现第二破裂面，则按第二破裂面的主动土压力计算。

下墙土压力计算较为复杂，目前普遍采用各种简化的计算方法，例如延长墙背法、校正墙背法、“公路路基近似法”、力多边形法等。

1. 延长墙背法

如图 5.9 所示，在上墙土压力计算出后，延长下墙墙背交于填土表面 C，以 $B'C$ 为假想墙背，根据延长墙背的边界条件，用相应的库仑公式计算土压力（见图 5.9），并绘制墙背应力分布图，从中截取下墙 $B'B$ 部分的应力图作为下墙的土压力，再将上墙、下墙两部分应力图叠加，即为全墙的土压力。

这种计算方法存在着一定的误差：

(1) 忽略了延长墙背与上墙背之间的土楔及荷载重，但考虑了延长墙背与上墙背由于土压力方向不同而引起的竖直分力差，虽然两者能相互补偿，但未必能抵消。

(2) 绘制土压力图形所引起的误差。由于绘制土压应力图形时，假定墙背转折点处的上墙破裂面与下墙破裂面平行，但大多数情况下两者是不平行的，在计算下墙土压力时就或多或少考虑了一块土体及作用荷载的重力。

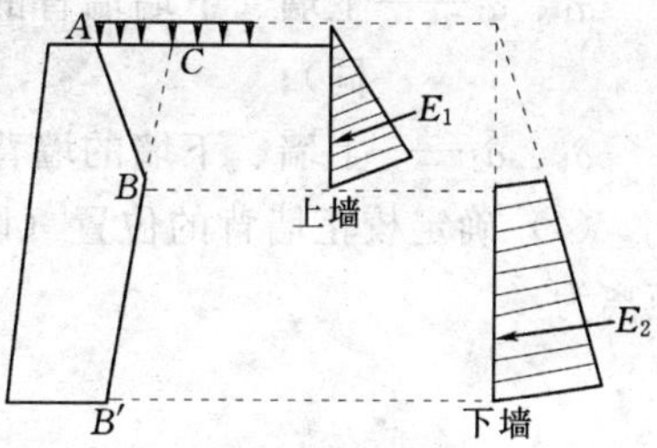

图 5.9　延长墙背法

以上两种误差一般偏于安全。但由于延长墙背法计算简便，至今仍被广泛采用。

2. 校正墙背法

针对延长墙背法的缺点，提出了按校正墙背 $B'A$ 计算土压力（见图 5.10），以校正延长墙背法计算时的误差。

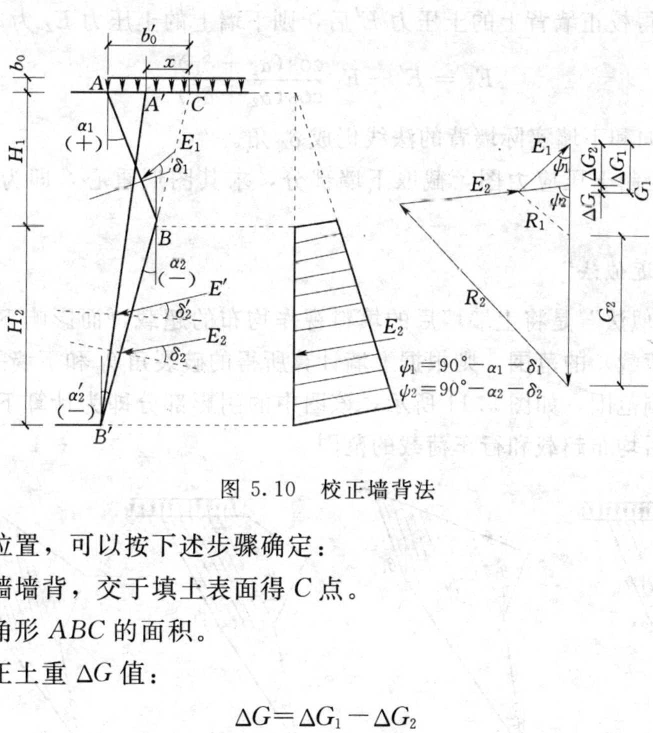

图 5.10　校正墙背法

校正墙背的位置，可以按下述步骤确定：

(1) 延长下墙墙背，交于填土表面得 C 点。

(2) 量取三角形 ABC 的面积。

(3) 计算校正土重 ΔG 值：

$$\Delta G=\Delta G_1-\Delta G_2$$

其中

$$\Delta G_1=\gamma(\Delta ABC+h_0 b_0')$$

$$\Delta G_2=E_1\frac{\sin[(\alpha_1+\delta_1)-(\alpha_2+\delta_2)]}{\cos(\alpha_2+\delta_2)}$$

式中　ΔG_1——延长墙背与实际墙背之间的土楔重力及上部的荷载；

b_0'——土楔上部荷载的分布宽度；

ΔG_2——考虑延长墙背与实际墙背上土压力作用方向的不同而产生的附加垂直分力；

α_1、α_2——上墙、下墙墙背的倾角，俯斜时取正值，仰斜时取负值（以下诸式中，均同）；

δ_1、δ_2——上墙、下墙的墙背摩擦角，(°)。

(4) 确定校正墙背的位置（以路肩墙为例）。校正墙背与填土表面的交点 A' 距 C 点的距离为

$$x=\frac{\Delta G}{\gamma h_0+\dfrac{\gamma(H_1+H_2)}{2}}$$

校正墙背的倾角 α_2' 为

$$\tan\alpha_2'=\frac{b'_0-x-H_1\tan\alpha_1-H_2\tan\alpha_2}{H_1+H_2}$$

求得校正墙背后，即可按此墙背倾角 α_2' 应用表 5.5 中相应的公式求算土压力。计算时，土压力作用方向采用下墙土压力对校正墙背法线的倾角（校正墙的计算摩擦角），即

$$\delta_2'=\delta_2+(\alpha_2-\alpha_2')$$

按 α_2 和 δ_2' 算得校正墙背上的土压力 E' 后，则下墙上的土压力 E_2 为

$$E_2=E'-E_1\frac{\cos(\alpha_1+\delta_1)}{\cos(\alpha_2+\delta_2)}$$

E_2 的作用方向和下墙实际墙背的法线仍成 δ_2 角。

按校正墙背绘制土压应力图，截取下墙部分，求其图形重心，即为下墙土压力的作用点。

3. "公路路基近似法"

"公路路基近似法"是将上墙墙后的填料视作均布的超载，而影响下墙土压力的超载部分（包括行车荷载）的范围，则根据上墙计算所得的破裂角 θ_1 和下墙的破裂角 θ_2 确定。各种情况下的影响范围，如图 5.11 所示，该图中的阴影部分即为计算下墙土压力时应予以考虑的上墙墙后均布超载和行车荷载的范围。

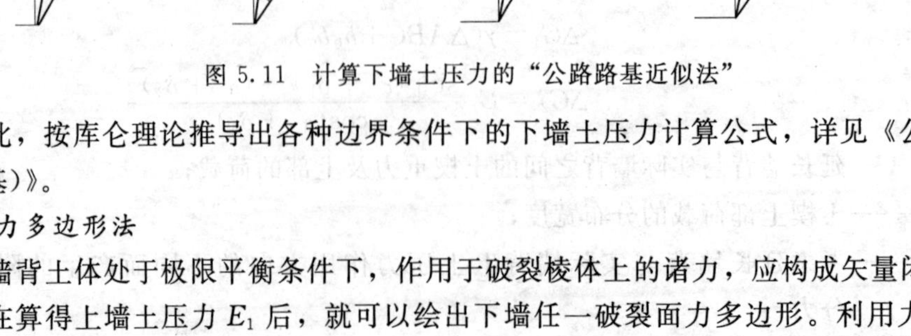

图 5.11 计算下墙土压力的"公路路基近似法"

据此，按库仑理论推导出各种边界条件下的下墙土压力计算公式，详见《公路设计手册（路基）》。

4. 力多边形法

在墙背土体处于极限平衡条件下，作用于破裂棱体上的诸力，应构成矢量闭合的力多边形。在算得上墙土压力 E_1 后，就可以绘出下墙任一破裂面力多边形。利用力多边形来

推求下墙土压力，这种方法称为力多边形法。

挡土墙下部破裂棱体的重力 G_2 为

$$G_2 = \gamma S_{C'OBC} = \gamma(A_0\tan\theta_2 - B_0)$$

其中 $$A_0 = \frac{1}{2}(H_2 + H_1 + a + 2h_0)(H_2 + H_1 + a)$$

$$B_0 = \frac{1}{2}(H_2 + H_1 + 2a + 2h_0)H_2\tan\alpha_2 + \frac{1}{2}(a + H_1)^2\tan\theta_i + (d + b - H_1\tan\alpha_1)h_0$$

对破裂角 θ_2，有

$$\tan\theta_2 = -\tan\psi \pm \sqrt{(\tan\psi + \cot\varphi)\left(\tan\psi + \frac{B_0}{A_0}\right) - \frac{R_1\sin(\psi + \theta_1)}{A_0\gamma\sin\varphi\sin\psi}}$$

下墙土压力为

$$E_2 = \gamma(A_0\tan\theta_2 - B_0)\frac{\cos(\theta_2 + \varphi)}{\sin(\theta_2 + \psi)} - R_1\frac{\sin(\theta_2 - \theta_1)}{\sin(\theta_2 + \psi)}$$

在图 5.12 中作用于下墙的土压力图形，可以近似假定 $\theta_1 = \theta_2$，即

$$\frac{h_1}{H_2} = \frac{d_1}{l_1 + d_1}$$

则

$$h_1 = \frac{H_2}{l_1 + d_1}d_1 = \frac{H_2[d + b - H_1\tan\alpha_1 - (H_1 + a)\tan\theta_1]}{(H_2 + H_1 + a)\tan\theta_2 - H_2\tan\alpha_2 - (H_1 + a)\tan\theta_1}$$

土压力作用点：

$$\left.\begin{aligned} Z_{2y} &= \frac{H_2^3 + 3H_2^2(H_1 + a + h_0) - 3h_0h_1(2H_1 - h_1)}{3[H_2^2 + 2H_2(H_1 + a) + 2h_0(H_2 - h_1)]} \\ Z_{2x} &= B + Z_{2y}\tan\alpha_2 \end{aligned}\right\}$$

式中　α_2——下墙墙背倾角，一般为仰斜，取正值代入（力多边形法的其他公式处理方法一样）。

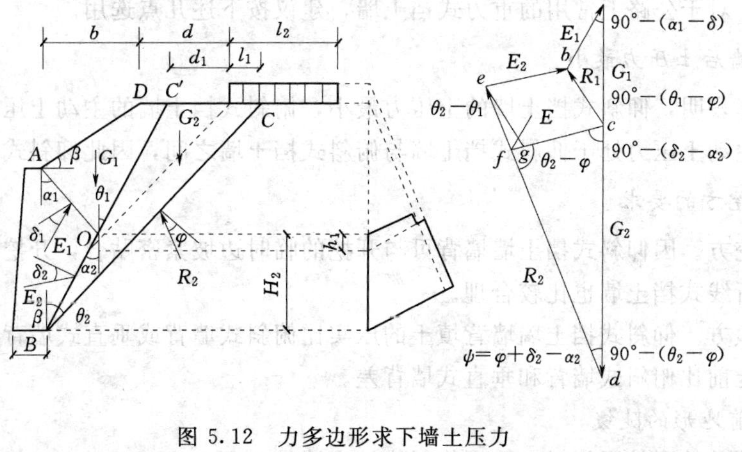

图 5.12　力多边形求下墙土压力

由于力多边形法分析折线形挡土墙下墙土压力计算时满足了楔体静力平衡中的力矢量闭合条件，因而清除了延长墙背法中所存在的两类误差，用这种方法推导出的下墙土压力

计算公式来计算下墙土压力较为合理。

其他边界条件下的下墙土压力计算公式列于表 5.7，供设计者参考。

5.3.4 断面形式比选

挡土墙墙背坡度及形式的选取，主要考虑结构经济、施工开挖量少、回填工程量少、回填前结构自身稳定以及目前采用土压力理论的适应范围等因素。

计算表明，当其他条件相同时，仰斜式墙背所承受的土压力比俯斜式墙背小，因此仰斜式墙背墙身断面较俯斜式墙背经济。同时，由于仰斜式墙背的倾斜方向与开挖面边坡方向一致，故开挖量与回填量均比俯斜式墙背小。然而，由于仰斜式挡土墙的基础外移，当地面横坡较陡时，需要增加墙高，使断面增大，所以仰斜式墙背适用于路堑墙及墙趾处地面平坦的路肩或路堤墙。一般来说，在确定断面形式时，路堑墙宜选用仰斜式或凸形折线式。对于路肩墙和路堤墙，当地形陡峻时，为了降低墙高，宜选用直立或近乎于直立的面坡，一般采用 1：0.05～1：0.2（如石砌重力式中的俯斜式或衡重式）；当地形平坦时，面坡缓些比较经济，一般多采用 1：0.2～1：0.3（如石砌重力式中的仰斜式或垂直式），但不宜缓于 1：0.4，以免过分增加墙高或增加开挖数量。

凸形折线式墙背是将仰斜式挡土墙的上部墙背改为俯斜，以减小上部断面尺寸，因此断面较仰斜式挡土墙还节省，多用于路堑墙，也可用于路肩墙。

当其他条件相同时，衡重式挡土墙的断面积比俯斜式小而比仰斜式大，但其基底应力增大，故对地基承载力的要求相对较高，较适用于山区地形陡峻处的路肩墙和路堤墙，也可用于路堑墙。

面坡与背坡要协调，应根据填料的物理力学性质、地基地质情况，结合基础设计一起考虑。在满足结构整体稳定以及不致发生局部破坏的前提下，力求经济合理。

此外，在选择支挡构造物断面的形式时，在一处的墙型不宜过多，以免造成施工困难，影响墙体的外观。

选择一个合理的挡土墙墙型，对挡土墙的设计具有重要意义，也是一个复杂的问题。综合上述，对于公路上常用的重力式挡土墙，建议按下述几点选用。

1. 使墙后土压力最小

经计算表明，仰斜式挡土墙的土压力最小，俯斜式挡土墙的主动土压力最大，垂直式挡土墙的主动土压力处于仰斜式挡土墙与俯斜式挡土墙之间，因此仰斜式挡土墙较合理。

2. 填挖方的要求

（1）挖方。因仰斜式挡土墙墙背可与开挖的临时边坡紧密贴合，开挖量少，回填量也少。凸形折线式挡土墙也比较合理。

（2）填方。仰斜式挡土墙墙背填土的压实比俯斜式墙背或垂直式墙背困难，且自身稳定性在填土前比俯斜式墙背和垂直式墙背差。

3. 墙前地形的陡缓

（1）墙前地形较平坦时，采用仰斜式挡土墙较合理。

（2）墙前地形较陡峻时，采用衡重式挡土墙或垂直式挡土墙较合理。因为采用仰斜式挡土墙时墙面坡度较缓会使墙身较高，圬工数量增加；而采用俯斜式挡土墙则会使墙后的

表 5.7　　各种边界条件下折线形挡土墙下墙土压力计算公式

编号	类型	计算图式及土压力分布图形	土　压　力　计　算　公　式
1	路堤墙或路肩墙上墙第一破裂面交于路肩，下墙破裂面交于荷载内	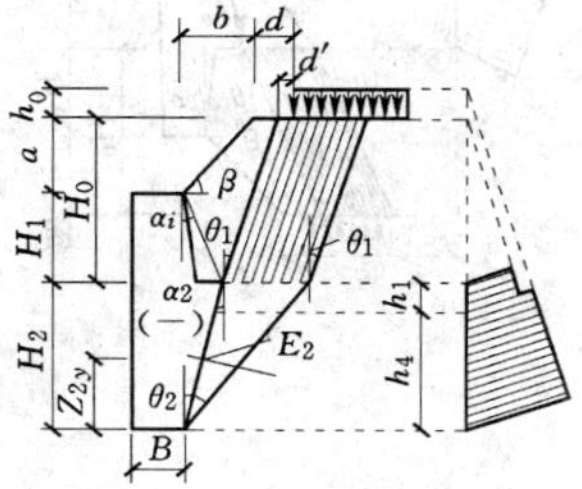	(1) 破裂角：$\tan\theta_2 = -\tan\psi \pm \sqrt{(\cot\varphi + \tan\psi)(\tan\psi + A)}$，$\psi = \varphi + \alpha_2 + \delta_2$ $A = \dfrac{2d'h_0}{H_2(H_2 + 2H_0 + 2h_0)} - \tan\alpha_2$ (2) 主动土压力：$E_2 = \dfrac{1}{2}\gamma H_2{}^2 KK_1$，$E_{2x} = E_2\cos(\alpha_2 + \delta_2)$，$E_{2y} = E_2\sin(\alpha_2 + \delta_2)$ (3) 主动土压力系数：$K = \dfrac{\cos(\theta_2 + \varphi)}{\sin(\theta_2 + \psi)}(\tan\theta_2 + \tan\alpha_2)$，$K_1 = 1 + \dfrac{2H_0}{H_2} + \dfrac{2h_0h_4}{H_2{}^2}$，$h_1 = \dfrac{d'}{\tan\theta_2 + \tan\alpha_2}$ $h_4 = H_2 - h_1$，$d' = b + d - H_1\tan\alpha_1' - H_0\tan\theta_1$ (4) 土压力作用点：$Z_{2y} = \dfrac{H_2}{3} + \dfrac{H_0}{3K_1} - \dfrac{h_0h_4(2H_2 - 3h_4)}{3H_2{}^2K_1}$，$Z_{2x} = B - Z_{2y}\tan\alpha_2$
2	路堤墙或路肩墙上墙第一破裂面交于路肩，下墙破裂面交于荷载外	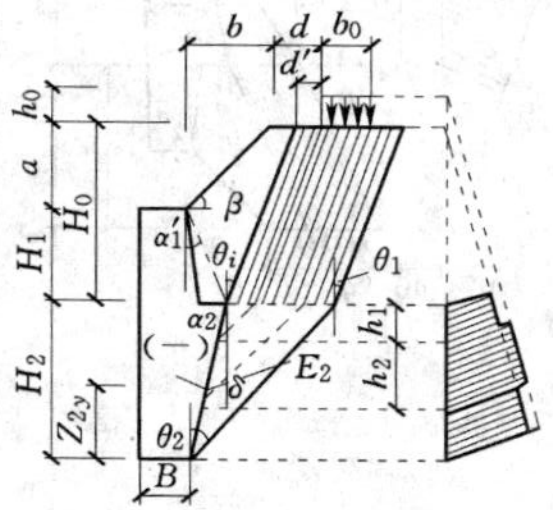	(1) 破裂角：$\tan\theta_2 = -\tan\psi \pm \sqrt{(\cot\varphi + \tan\psi)(\tan\psi + A)}$，$\psi = \varphi + \alpha_2 + \delta_2$，$A = \dfrac{2d'h_0}{H_2(H_2 + 2H_0)} - \tan\alpha_2$ (2) 主动土压力：$E_2 = \dfrac{1}{2}\gamma H_2{}^2 KK_1$，$E_{2x} = E_2\cos(\alpha_2 + \delta_2)$，$E_{2y} = E_2\sin(\alpha_2 + \delta_2)$ (3) 主动土压力系数：$K = \dfrac{\cos(\theta_2 + \varphi)}{\sin(\theta_2 + \psi)}(\tan\theta_2 + \tan\alpha_2)$，$K_1 = 1 + \dfrac{2H_0}{H_2} + \dfrac{2h_0h_2}{H_2{}^2}$ $h_1 = \dfrac{d'}{\tan\theta_2 + \tan\alpha_2}$，$h_2 = \dfrac{b_0}{\tan\theta_2 + \tan\alpha_2}$，$d' = b + d - H_1\tan\alpha_1' - H_0\tan\theta_1$ (4) 土压力作用点：$Z_{2y} = \dfrac{H_2}{3} + \dfrac{H_0}{3K_1} - \dfrac{h_0h_2(6h_1 + 3h_2 - 4H_2)}{3H_2{}^2K_1}$，$Z_{2x} = B - Z_{2y}\tan\alpha_2$

续表

编号	类型	计算图式及土压力分布图形	土压力计算公式
3	路堤墙或路肩墙上墙第一破裂面交于荷载内，下墙破裂面交于荷载内	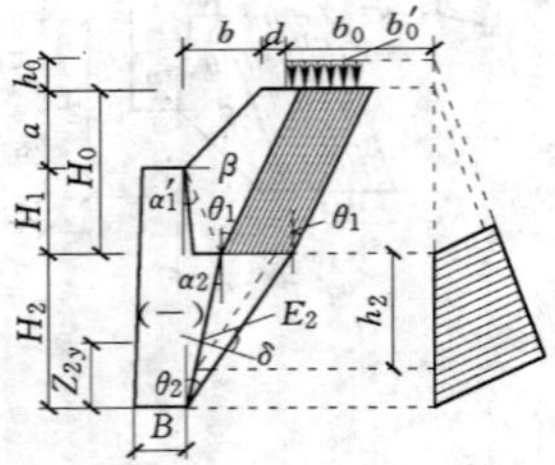	(1) 破裂角：$\tan\theta_2 = -\tan\psi \pm \sqrt{(\cot\varphi + \tan\psi)(\tan\psi + A)}$，$\psi = \varphi + \alpha_2 + \delta_2$，$A = -\tan\alpha_2$ (2) 主动土压力：$E_2 = \frac{1}{2}\gamma H_2^2 KK_1$，$E_{2x} = E_2\cos(\alpha_2 + \delta_2)$，$E_{2y} = E_2\sin(\alpha_2 + \delta_2)$ (3) 土压力系数：$K = \frac{\cos(\theta_2 + \varphi)}{\sin(\theta_2 + \psi)}(\tan\theta_2 + \tan\alpha_2)$，$K_1 = 1 + \frac{2H_0}{H_2} + \frac{2h_0 h_2}{H_2^2}$ (4) 压力作用点：$Z_{2y} = \frac{H_2}{3} + \frac{H_0 + h_0}{3K_1}$，$Z_{2x} = B - Z_{2y}\tan\alpha_2$
4	路堤墙或路肩墙上墙第一破裂面交于荷载内，下墙破裂面交于荷载外	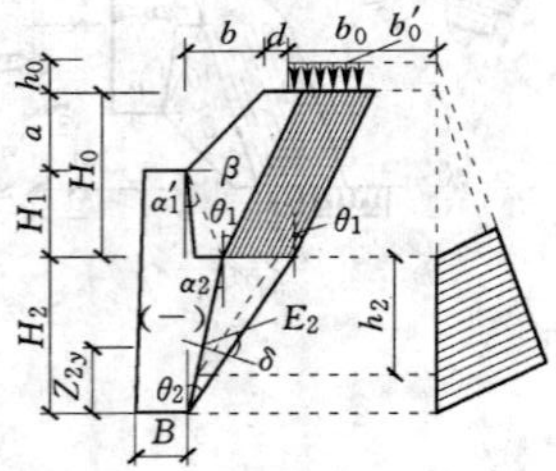	(1) 破裂角：$\tan\theta_2 = -\tan\psi \pm \sqrt{(\cot\varphi + \tan\psi)(\tan\psi + A)}$，$\psi = \varphi + \alpha_2 + \delta_2$，$A = -\frac{2b'_0 h_0}{H_2(H_2 + 2H_0)}$ $b'_0 = b_0 + d + b - H_1\tan\alpha'_1 - H_0\tan\theta_1$ (2) 主动土压力：$E_2 = \frac{1}{2}\gamma H_2^2 KK_1$，$E_{2x} = E_2\cos(\alpha_2 + \delta_2)$，$E_{2y} = E_2\sin(\alpha_2 + \delta_2)$ (3) 土压力系数：$K = \frac{\cos(\theta_2 + \varphi)}{\sin(\theta_2 + \psi)}(\tan\theta_2 + \tan\alpha_2)$，$K_1 = 1 + \frac{2H_0}{H_2} + \frac{2h_0 h_2}{H_2^2}$ $h_2 = \frac{b'_0}{\tan\theta_2 + \tan\alpha_2}$ (4) 压力作用点：$Z_{2y} = \frac{H_2}{3} + \frac{H_0}{3K_1} - \frac{h_0 h_2(3h_2 - 4H_2)}{3H_2^2 K_1}$，$Z_{2x} = B - Z_{2y}\tan\alpha_2$

续表

编号	类型	计算图式及土压力分布图形	土压力计算公式
5	路堤墙或路肩墙上下墙破裂面均交于边坡	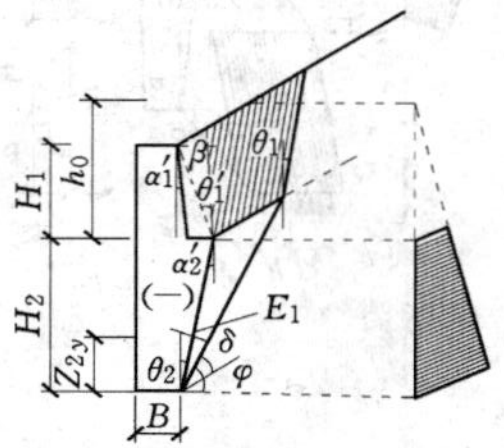	(1) 破裂角：$\theta_2 = 90° - \varphi - \varepsilon$ $\tan\varepsilon = \dfrac{\sqrt{\tan(\varphi-\beta)[\tan(\varphi-\beta)+\cot(\varphi-\alpha_2)][1+\tan(\alpha_2+\delta_2)\cot(\varphi-\alpha_2)]}-\tan(\varphi-\beta)}{1+\tan(\alpha_2+\delta_2)[\tan(\varphi-\beta)+\cot(\varphi-\alpha_2)]}$ (2) 主动土压力：$E_2 = \dfrac{1}{2}\gamma H_2^{\ 2} KK_1, E_{2x} = E_2\cos(\alpha_2+\delta_2), E_{2y} = E_2\sin(\alpha_2+\delta_2)$ (3) 土压力系数：$K = \dfrac{\cos^2(\varphi-\alpha_2)}{\cos^2\alpha_2\cos(\alpha_2+\delta_2)\left[1+\sqrt{1+\dfrac{\sin(\varphi+\delta_2)\sin(\varphi-\beta)}{\cos(\alpha_2+\delta_2)\cos(\alpha_2-\beta)}}\right]^2}$ $K_1 = 1+\dfrac{2h_0'}{H_2}, h_0' = H_1\dfrac{1+\tan\alpha_1'\tan\beta}{1+\tan\alpha_2\tan\beta}$ (4) 压力作用点：$Z_{2y} = \dfrac{H_2}{3}+\dfrac{h_0'}{3K_1}, Z_{2x} = B - Z_{2y}\tan\alpha_2$
6	路堤墙上墙破裂面交于边坡，下墙破裂面交于路肩	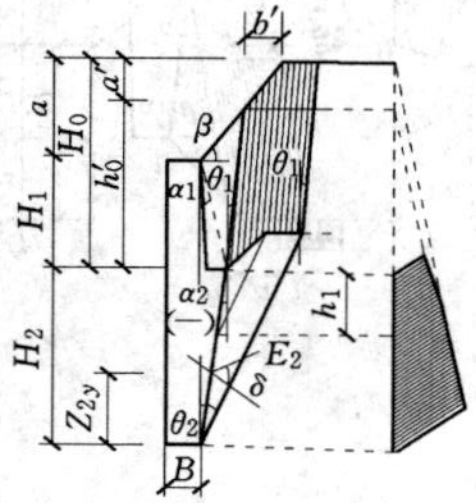	(1) 破裂角：$\tan\theta_2 = -\tan\psi \pm \sqrt{(\cot\varphi+\tan\psi)(\tan\psi+A)}, \psi = \varphi+\alpha_2+\delta_2$ $A = \dfrac{a'b' - H_2(H_2+2H_0)\tan\alpha_2 + 2a'h_0'\tan\theta_1}{(H_2+a')(H_2+a'+2h_0')}$ $h_0' = H_1\dfrac{1+\tan\alpha_1'\tan\beta}{1-\tan\theta_1\tan\beta}, a' = H_0 - h_0', b' = a'\cot\beta$ (2) 主动土压力：$E_2 = \dfrac{1}{2}\gamma H_2^{\ 2} KK_1, E_{2x} = E_2\cos(\alpha_2+\delta_2), E_{2y} = E_2\sin(\alpha_2+\delta_2)$ (3) 土压力系数：$K = \dfrac{\cos(\theta_2+\varphi)}{\sin(\theta_2+\psi)}(\tan\theta_2+\tan\alpha_2), K_1 = 1+\dfrac{2H_0}{H_2}-\dfrac{a'h_3}{H_2^{\ 2}}$ $h_3 = \dfrac{b'-a'\tan\theta_2}{\tan\theta_2+\tan\alpha_2}$ (4) 压力作用点：$Z_{2y} = \dfrac{H_2}{3}+\dfrac{H_0}{3K_1}-\dfrac{a'h_3(2H_2-h_3)}{3H_2^{\ 2}K_1}, Z_{2x} = B - Z_{2y}\tan\alpha_2$

续表

编号	类型	计算图式及土压力分布图形	土压力计算公式
7	路堤墙上墙破裂面交于边坡，下墙破裂面交于荷载内	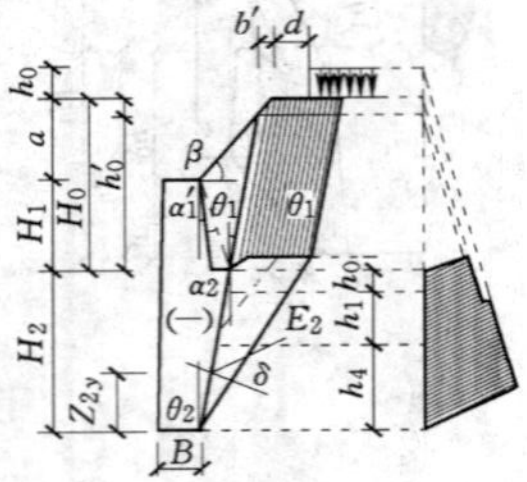	(1) 破裂角：$\tan\theta_2 = -\tan\psi \pm \sqrt{(\cot\varphi + \tan\psi)(\tan\psi + A)}, \psi = \varphi + \alpha_2 + \delta_2$ $A = \dfrac{a'b' + 2(b'+d)h_0 - H_2(H_2 + 2H_0 + 2h_0)\tan\alpha_2 + 2a'h'_0\tan\theta_1}{(H_2 + a')(H_2 + a' + 2h_0 + 2h'_0)}$ $h'_0 = H_1\dfrac{1 + \tan\alpha'_1\tan\beta}{1 - \tan\alpha_2\tan\beta}, a' = H_0 - h'_0, b' = a'\cot\beta$ (2) 主动土压力：$E_2 = \dfrac{1}{2}\gamma H_2{}^2 KK_1, E_{2x} = E_2\cos(\alpha_2 + \delta_2), E_{2y} = E_2\sin(\alpha_2 + \delta_2)$ (3) 主动土压力系数：$K = \dfrac{\cos(\theta_2 + \varphi)}{\sin(\theta_2 + \psi)}(\tan\theta_2 + \tan\alpha_2), K_1 = 1 + \dfrac{2H_0}{H_2} + \dfrac{2h_0h_4 - a'h_3}{H_2{}^2}$ $h'_1 = \dfrac{d}{\tan\theta_2 + \tan\alpha_2}, h_3 = \dfrac{b' - a'\tan\theta_2}{\tan\theta_2 + \tan\alpha_2}, h_4 = H_2 - h_1 - h_3$ (4) 土压力作用点：$Z_{2y} = \dfrac{H_2}{3} - \dfrac{H_0}{3K_1} - \dfrac{a'h_3(2H_2 - h_3) + h_0h_4(2H_2 - 3h_4)}{3H_2{}^2K_1}, Z_{2x} = B - Z_{2y}\tan\alpha_2$
8	路堤墙上墙破裂面交于边坡，下墙破裂面交于荷载外	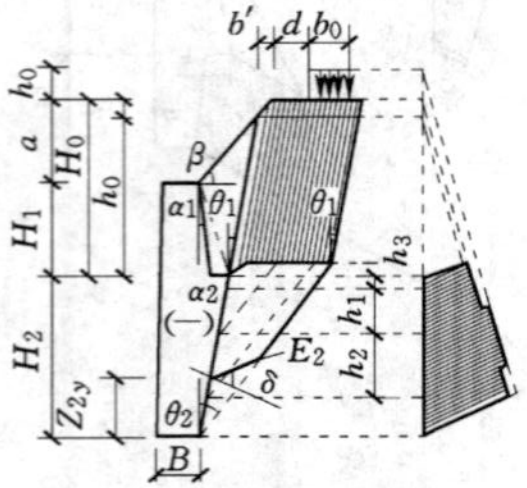	(1) 破裂角：$\tan\theta_2 = -\tan\psi \pm \sqrt{(\cot\varphi + \tan\psi)(\tan\psi + A)}, \psi = \varphi + \alpha_2 + \delta_2$ $A = \dfrac{a'b' - H_2(H_2 + 2H_0)\tan\alpha_2 - 2b_0h_0 2a'h'_0 + 2a'h'_0\tan\theta_1}{(H_2 + a')(H_2 + a' + 2h_0)}$ $h'_0 = H_1\dfrac{1 + \tan\alpha'\tan\beta}{1 - \tan\theta_1\tan\beta}, a' = H_0 - h'_0, b' = a'\cot\beta$ (2) 主动土压力：$E_2 = \dfrac{1}{2}\gamma H_2{}^2 KK_1, E_{2x} = E_2\cos(\alpha_2 + \delta_2), E_{2y} = E_2\sin(\alpha_2 + \delta_2)$ (3) 主动土压力系数：$K = \dfrac{\cos(\theta_2 + \varphi)}{\sin(\theta_2 + \psi)}(\tan\theta_2 + \tan\alpha_2), K_1 = 1 + \dfrac{2H_0}{H_2} + \dfrac{2h_0h_4 - a'h_3}{H_2{}^2}$ $h'_1 = \dfrac{d}{\tan\theta_2 + \tan\alpha_2}, h_2 = \dfrac{b_0}{\tan\theta_2 + \tan\alpha_2}, h_3 = \dfrac{b' - a'\tan\theta_2}{\tan\theta_2 + \tan\alpha_2}$ (4) 土压力作用点： $Z_{2y} = \dfrac{H_2}{3} + \dfrac{H_0}{3K_1} - \dfrac{a'h_3(2H_2 - h_3) + h_0h_2(6h_1 + 3h_2 + 6h_3 - 4H_2)}{3H_2{}^2K_1}, Z_{2x} = B - Z_{2y}\tan\alpha_2$

土压力加大。

4. 基底内倾

在增大墙身抗滑稳定性的方法中，将基底做成逆坡是一种有效的方法。不过当基底斜坡较大时，尚应考虑是有存在墙身连同整个土体一起滑走的可能，因此土质地基的基底倾坡不宜大于 0.1：1，岩石地基一般不宜大于 0.2：1。

5. 墙趾加宽

当墙身高度超过一定限度时，基底压应力往往是控制截面尺寸的重要因素。为了使基底压应力不超过地基允许承载力，可加墙趾台阶［见图 5.13（*b*）］，加了墙趾台阶对挡土墙抗倾覆和抗滑动稳定性也是有利的。

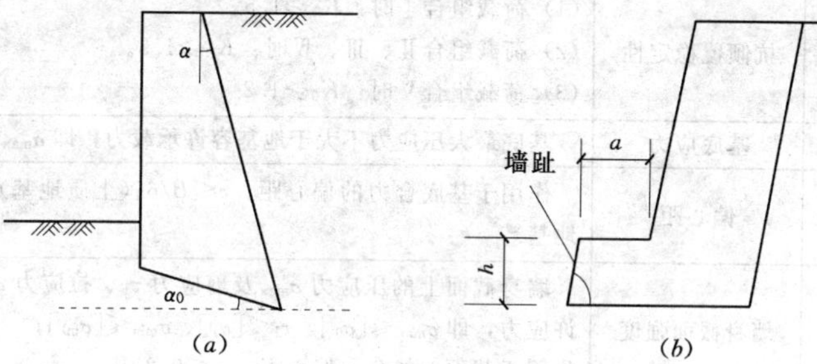

图 5.13 挡土墙倾斜基底及墙趾加宽

5.3.5 稳定性验算

5.3.5.1 挡土墙的破坏形式及稳定性要求

重力式挡土墙的一般破坏形式及原因如下：

(1) 由于基础滑动而造成的破坏［见图 5.14（*a*）］。

(2) 墙身绕墙趾转动所引起的倾覆［见图 5.14（*b*）］。

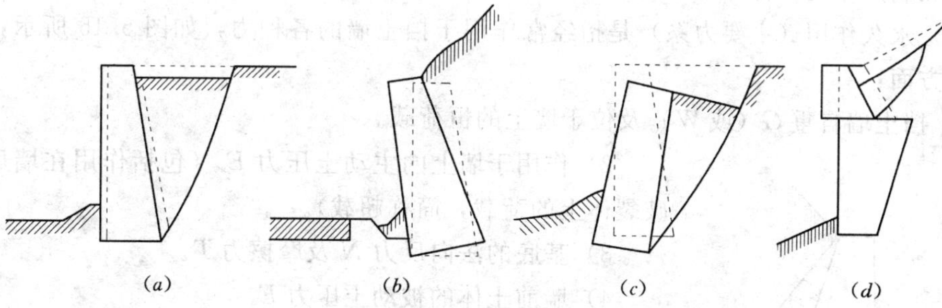

图 5.14 挡土墙的破坏形式

(3) 因基础产生过大的或不均匀的沉陷而引起的墙身倾覆［见图 5.14（*c*）］。

(4) 因墙身材料强度不足而产生的墙身剪切破坏［见图 5.14（*d*）］。

为避免发生以上破坏，保证挡土墙具有足够的整体性和结构强度，使其在使用过程中能够充分发挥良好的作用，在设计挡土墙时，一般均应验算沿基底的滑动稳定性、绕墙趾转动的倾覆稳定性、基底应力及偏心距以及墙身断面的强度。

挡土墙的验算是按平面问题取单位长度来进行的。基础的滑动稳定性和倾覆稳定性验算，分别以安全稳定系数 K_c 和 K_0 作为控制指标。基底应力验算，应控制最大基底应力 σ_{max}，使之小于地基容许承载应力$[\sigma]$；此外，还应控制基底合力偏心距 e，使之不超出基底的核心半径。墙身断面按偏心受压杆件验算其强度及偏心距，当墙身过高时，还应验算墙身的弹性稳定性。各项验算的具体要求和指标，按有关规定归纳如表 5.8 所示。

表 5.8　挡土墙验算项目及控制指标

要　求	验算项目	控　制　指　标
1. 不产生墙身沿基底的滑动破坏	抗滑动稳定性	(1) 荷载组合Ⅰ、Ⅱ、Ⅲ、Ⅳ时：$K_c \geqslant 1.3$。 (2) 荷载组合Ⅴ时：$K_c \geqslant 1.2$
2. 不产生墙身绕墙趾倾覆	抗倾覆稳定性	(1) 荷载组合Ⅰ时：$K_0 \geqslant 1.5$。 (2) 荷载组合Ⅱ、Ⅲ、Ⅳ时：$K_0 \geqslant 1.3$。 (3) 荷载组合Ⅴ时：$K_0 \geqslant 1.2$
3. 地基不出现过大的沉陷	基底应力	基底最大压应力不大于地基容许承载力，即 $\sigma_{max} \leqslant [\sigma_0]$
4. 不出现因地基不均匀沉降而引起墙身倾覆	偏心距	作用于基底合力的偏心距：$e \leqslant B/6$（土质地基），$e \leqslant B/5$（岩质地基）
5. 墙身不产生开裂破坏	墙身截面强度	墙身截面上的压应力 σ_{max} 及剪应力 τ_1、拉应力 σ_{min} 小于材料的容许应力，即 $\sigma_{max} \leqslant [\sigma_0]$、$\tau_1 \leqslant [\sigma_j]$、$\sigma_{min} \leqslant [\sigma_{ml}]$； 作用于截面上的合力偏心距：$e_1 \leqslant 0.25B$

注　1. 荷载组合见《公路桥涵设计通用规范》(JTGD 60—2004)。
2. B 和 B_1 分别为基底宽度和截面宽度。
3. 坚硬岩质地基上的偏心距可考虑放宽至 $e \leqslant 0.25B$。
4. 表中所列指标，不适用于地震区挡土墙设计。

5.3.5.2　作用于挡土墙上的力系

作用于挡土墙上的力系，按其作用性质分为永久作用（主要力系）、可变作用（附加力系）和偶然作用（特殊力系）。

(1) 永久作用（主要力系）是指经常作用于挡土墙的各种力，如图 5.15 所示，包括以下几方面：

1) 挡土墙自重 G（或 W）及位于墙上的恒荷载。

2) 作用于墙上的主动土压力 E_a（包括作用在墙后填料破裂体上的荷载，简称超载）。

3) 基底的法向反力 N 及摩擦力 T。

4) 墙前土体的被动土压力 E_p。

5) 浸水挡土墙常水位时的静水压力及浮力。

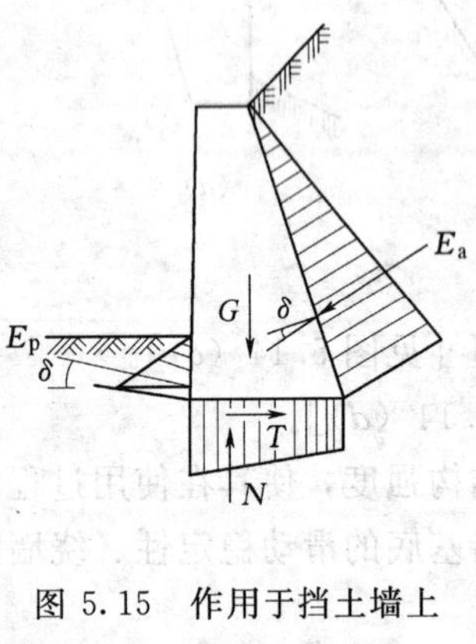

图 5.15　作用于挡土墙上的主要力系

(2) 可变作用（附加力系）是季节性作用于挡土墙上的各种力，包括季节性洪水时的静水压力及浮力、动水压力、波浪冲击力、冰胀压力和冰压力等。

(3) 偶然作用（特殊力系）是偶然出现的各种力，例如地震力、施工荷载及水流漂浮物的撞击力等。

在一般地区，挡土墙设计仅考虑主要力系的 1）～4）

项；在浸水地区，还应考虑附加力系；而在地震地区，应考虑地震力对挡土墙的影响。各种力的取舍，应根据挡土墙所处的具体工作条件，按可能的最不利组合作为设计依据。

5.3.5.3 抗滑稳定性验算

为保证挡土墙抗滑稳定性，应验算在土压力作用下，基底摩擦力 N_f 及墙前被动土压力 E_p 抵抗挡土墙滑移的能力，用抗滑稳定性系数 K_c 表示，即抗滑力和滑动力之比（见图 5.16）。

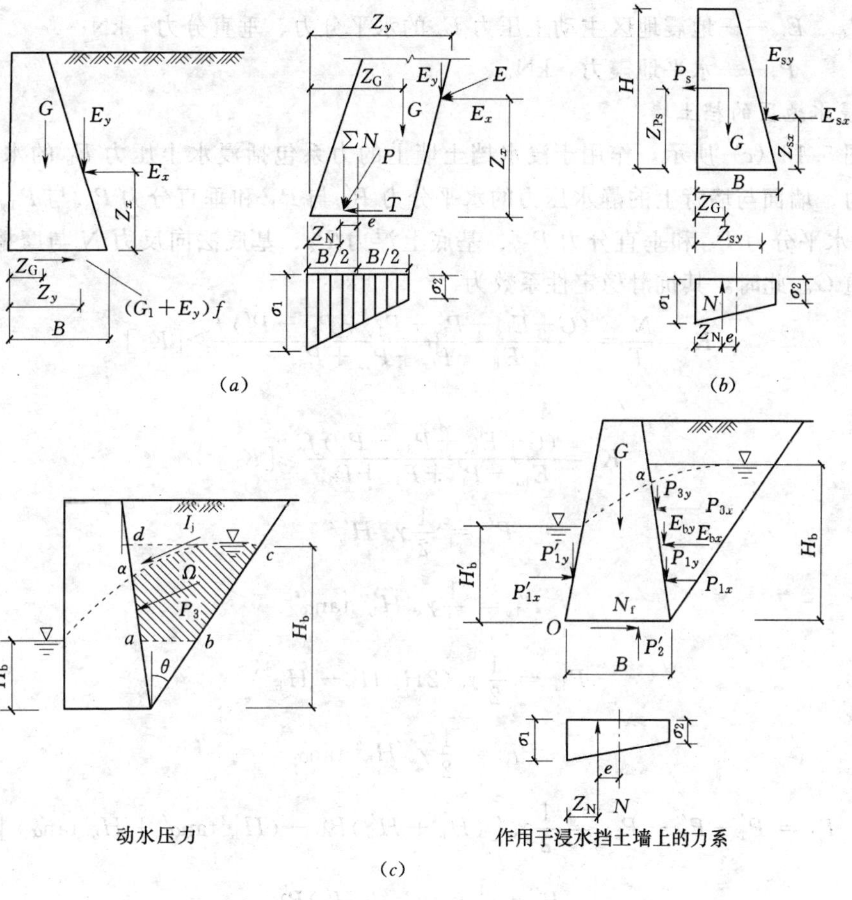

图 5.16 作用于各种情况下的挡土墙上的力系

(*a*) 一般地区；(*b*) 地震地区；(*c*) 浸水地区

1. 一般地区的挡土墙

如图 5.16 (*a*) 所示，作用于一般地区的挡土墙上的力系有挡土墙的自重 G、墙背主动土压力 E_a、基底的法向反力 N 及摩擦力 $T=N_f$ 以及墙前土体的被动土压力 E_p（设计时一般不计）。此时，其抗滑稳定性系数 K_c 为

$$K_c=\frac{抗滑力}{滑动力}=\frac{N_f}{E_x}=\frac{(G+E_y)f}{E_x}\geqslant[K_c]$$

式中　G——墙身自重及实际墙背与第二破裂面之间土重之和，kN；
E_x、E_y——一般地区主动土压力 E_A 的水平分力、垂直分力，kN。

2. 地震地区的挡土墙

如图 5.16（b）所示，作用于墙身上的力系除计一般挡土墙上作用的力外，还应计入水平地震力 P_s，此时，其抗滑稳定性系数 K_c 为

$$K_c=\frac{(G+E_{sy})f}{E_{sx}+P_s}\geqslant[K_c]$$

其中
$$P_s=C_zK_HG$$

式中　E_{sx}、E_{sy}——地震地区主动土压力 E_s 的水平分力、垂直分力，kN；
P_s——水平地震力，kN。

3. 浸水地区的挡土墙

如图 5.16（c）所示，作用于浸水挡土墙上的力系包括浸水土压力 E_b 的水平分力和垂直分力、墙面与墙背上的静水压力的水平分力 P'_{1x} 与 P_{1x} 和垂直分力 P'_{1y} 与 P_{1y}、动水压力 P_3 的水平分力 P_{3x} 和垂直分力 P_{3y}、基底上浮力 P'_2、基底法向反力 N 与摩擦力 N_f 及墙身自重 G。此时，其抗滑稳定性系数为

$$K_c=\frac{N_f}{T}=\frac{(G+E_{by}+P'_{1y}+P_{1y}+P_{3y}-P'_2)f}{E_{bx}-P'_{1x}+P_{1x}+P_{3x}}\geqslant[K_c]$$

或

$$K_c=\frac{(G+E_{by}+P_{3y}-P_2)f}{E_{bx}-P'_{1x}+P_{1x}+P_{3x}}\geqslant[K_c]$$

其中
$$P'_{1x}=\frac{1}{2}\gamma_w H'^2_b$$

$$P'_{1y}=\frac{1}{2}\gamma_w H'^2_b\tan\alpha'$$

$$P_{1x}=\frac{1}{2}\gamma_w(2H_b H'_b-H'^2_b)$$

$$P_{1y}=\frac{1}{2}\gamma_w H_b^2\tan\alpha$$

$$P_2=P'_2-P'_{1y}-P_{1y}=\frac{1}{2}\gamma_w[(H_b+H'_b)B\lambda-(H'^2_b\tan\alpha'+H_b^2\tan\alpha)]$$

$$P'_2=\frac{1}{2}\gamma_w(H_b+H'_b)B\lambda$$

$$P_3=I_j\Omega\gamma_w$$

$$\Omega=\frac{1}{2}(H_b^2-H'^2_b)(\tan\theta+\tan\alpha)$$

式中　E_{bx}、E_{by}——浸水挡土墙墙背主动土压力 E_b 的水平分力、垂直分力，kN；
P'_{1x}、P'_{1y}——墙面静水压力 P'_1 的水平分力、垂直分力；
γ_w——水的容重，$\gamma_w=10\text{kN/m}^3$；
H'_b——墙面水位深度，m；
α'——墙面倾角，(°)，以仰斜为正；

P_{1x}、P_{1y}——墙面静水压力 P_1 的水平分力、垂直分力；

H_b——墙背水位的深度，m；

α——墙背倾角，(°)，以仰斜为正；

P_2——浸水挡土墙所承受的上浮力；

P_2'——基底上浮力；

B——基底的宽度，m；

λ——上浮力系数，其取值可以根据基底面水的渗透情况而定，对于存在静水压力的透水地基或不能肯定是否透水的地基 $\lambda=1.0$，对于岩石地基的基础与岩石间灌注混凝土认为是相对不透水时 $\lambda=0.5$；

P_{3x}、P_{3y}——动水压力 P_3 的水平分力、垂直分力，kN，其作用点为 Ω 面积的重心，其方向平行于 I_j；

Ω——产生动水压力的浸水面积，即图 5.16（*c*）中阴影部分的面积，可以近似地取为梯形 *abcd* 的面积；

θ——主动土压力的破裂角；

α——墙背倾角；

I_j——降水面曲线的平均坡度；

f——基底的摩擦系数，可通过现场试验确定。

当墙前墙后水位一致（$H_b=H_b'$）或其材料为透水性材料时，其静水压力和动水压力可略去不计。此时，抗滑稳定性系数 K_c 为

$$K_c=\frac{(G+E_{by}-P_2')f}{E_{bx}}\geqslant[K_c]$$

5.3.5.4　抗倾覆稳定性验算

使墙身产生绕墙趾转动的倾覆力矩超过阻止其转动的抗倾覆力矩时，挡土墙即发生绕墙趾 O 点的倾覆（见图 5.16）。这两组力矩之比值称为抗倾覆稳定性系数 K_0。

1. 一般地区的挡土墙

一般地区挡土墙的抗倾覆稳定性系数 K_0 为

$$K_0=\frac{\text{抗倾覆力矩}}{\text{倾覆力矩}}=\frac{\sum M_y}{\sum M_0}=\frac{GZ_G+E_yZ_y}{E_xZ_x}\geqslant[K_0]$$

式中　Z_G、Z_x、Z_y——G、E_x、E_y 对墙趾 O 点的力臂，m。

2. 地震地区的挡土墙

地震地区挡土墙的抗倾覆稳定性系数 K_0 为

$$K_0=\frac{GZ_G+E_{sy}Z_{sy}}{E_{sx}Z_{sx}+P_sZ_{Ps}}\geqslant[K_0]$$

式中各符号见图 5.16（*b*）。

3. 浸水地区的挡土墙

浸水地区挡土墙的抗倾覆稳定性系数 K_0 为

$$K_0=\frac{GZ_G+E_{by}Z_{by}-P_2Z_{P2}+P_{3y}Z_{P3y}}{E_{bx}Z_{bx}+P_{1x}Z_{P1}-P_{1x}'Z_{P1}'+P_{3y}Z_{P3y}}\geqslant[K_0]$$

当填料为透水性材料，且 $H_b=H_b'$时，其中静水压力和动水压力可以略去不计，则

$$K_0=\frac{GZ_G+E_{by}Z_{by}-P_2Z_{P2}}{E_{bx}Z_{bx}}\geqslant[K_0]$$

5.3.5.5 基底合力偏心距和基底应力验算

1. 一般地区的挡土墙

一般地区的挡土墙作用于基底的合力偏心距 e［见图 5.16（a）］为

$$e=\frac{B}{2}-Z_N=\frac{B}{2}-\frac{GZ_G+E_yZ_y-E_xZ_x}{G+E_y}\leqslant[e]$$

式中 Z_N——作用于基底的合力的法向分力 N 对 O 点的力臂，m。

基底应力的分布随偏心距大小而异，各种情况下基底的最大应力 σ_1 可分别按下列公式确定。

（1）当 $e=0$ 时（均匀分布），有

$$\begin{matrix}\sigma_{max}\\\sigma_{min}\end{matrix}=\frac{G+E_y}{B}\leqslant[\sigma_0]$$

式中 $[\sigma_0]$——地基承载力，kN/m^2。

（2）当 $0<e<B/6$ 时（梯形分布），有

$$\begin{matrix}\sigma_{max}\\\sigma_{min}\end{matrix}=\frac{G+E_y}{B}\left(1\pm\frac{6e}{B}\right)\leqslant[\sigma_0]$$

（3）当 $e=B/6$ 时（三角形分布），有

$$\left.\begin{aligned}\sigma_{max}&=\frac{2(G+E_y)}{B}\leqslant[\sigma_0]\\\sigma_{min}&=0\end{aligned}\right\}$$

（4）当 $e>B/6$ 时（三角形分布），基底和地基之间一般不能承受拉应力，故常略去不计，这时，基底应力重分布，即

$$\sigma_{max}=\frac{2(G+E_y)}{3Z_N}=\frac{2(G+E_y)}{3\left(\frac{B}{2}-e\right)}\leqslant[\sigma_0]$$

若出现负偏心，则上式中的 Z_N 应改为 $B-Z_N$。

2. 地震地区的挡土墙

地震地区的挡土墙基底的合力偏心距 e［见图 5.16（b）］为

$$e=\frac{B}{2}-Z_{SN}=\frac{B}{2}-\frac{GZ_G+E_{sy}Z_{sy}-E_{sx}Z_{sx}-P_sZ_{Ps}}{G+E_{sy}}\leqslant[e_s]$$

式中 $[e_s]$——受地震作用时的容许偏心距，m，如表 5.9 所示。

当 $0<e<\dfrac{B}{6}$时，基底应力为

$$\begin{matrix}\sigma_{max}\\\sigma_{min}\end{matrix}=\frac{G+E_{sy}}{B}\left(1\pm\frac{6e}{B}\right)\leqslant K_s[\sigma_0]$$

式中 K_s——受地震作用时，地基承载力提高系数，如表 5.9 所示。

当 $e>\dfrac{B}{6}$时，基底应力为

$$\sigma_{max}=\frac{2(G+E_y)}{3Z_{SN}}\leqslant K_s[\sigma_0]$$

3. 浸水地区的挡土墙

浸水地区的挡土墙作用于基底的合力偏心距 e［见图 5.16 (c)］为

$$e=\frac{B}{2}-Z_N=\frac{B}{2}-\frac{GZ_G+E_{by}Z_{by}-E_{bx}Z_{bx}-P_{1x}Z_{p_{1x}}+P'_{1x}Z'_{p_{1x}}-P_2Z_{p_2}+P_{3y}Z_{P_{3y}}-P_{3x}Z_{p_{3x}}}{G+E_{by}+P_{3y}-P_2}\leqslant[e]$$

当 $e\leqslant\frac{B}{6}$时，基底应力为

$$\begin{matrix}\sigma_{max}\\ \sigma_{min}\end{matrix}=\frac{G+E_{by}+P_{3y}-P_2}{B}\left(1\pm\frac{6e}{B}\right)\leqslant[\sigma_0]$$

表 5.9　　　　各级地基土容许偏心距和抗震容许地基承载力提高系数

地　基　土	e	K
岩石，密实的碎石土，密实的砾、粗砂、中砂，老黏土，$[\sigma_0]\geqslant$ 300kPa 的一般黏性土	$e\leqslant B/3$	1.5
密实的碎石土，中密的砾、粗砂、中砂，200kPa$\leqslant[\sigma_0]<$300kPa 的一般黏性土	$e\leqslant B/4$	1.3
密、中密的细砂、粉砂，100kPa$\leqslant[\sigma_0]<$200kPa 的一般黏性土	$e\leqslant B/5$	1.1
新近沉积的黏性土、软土，松散的砂、填土，$[\sigma_0]<$100kPa 的一般黏性土	$e\leqslant B/6$	1.0

注　$[\sigma_0]$为地基土的容许承载力；B 为基底截面宽度。

当 $e>\frac{B}{6}$时，基底应力为

$$\sigma_{max}=\frac{2(G+E_{by}+P_{3y}-P_2)}{3Z_N}\leqslant[\sigma_0]$$

当基底应力或偏心距过大时，可采用加宽墙趾进行调整；当地面横坡较陡时，加宽墙趾将增加墙身的高度，此时应与其他措施相比较，例如，换填地基土以提高地基承载力$[\sigma_0]$，以及调整墙背坡度或断面型式以减小偏心距等。

5.3.5.6　几点说明

(1) 在验算挡土墙的稳定性时，一般均未计墙趾前土层对墙面所产生的被动土压力。

(2) 对于地震设防烈度为 8 度且墙高大于 12m，以及地震设防烈度为 9 度或 7 度但修建在软弱地基上或修建在地震时可能发生大规模滑坡、崩塌地段上的挡土墙，除采用一般防震措施外，须按上述方法验算墙身在地震力作用下的强度和稳定性，验算时，不考虑车辆荷载的作用。对于地震地区的浸水挡土墙，验算时只考虑常年水位时的浮力，不考虑季节性浸水的影响。抗震部分具体要求请参见现行《公路工程抗震设计规范》。

(3) 当浸水挡土墙墙前水位 H'_b与墙背水位 H_b 不相等时，$H_b-H'_b$段的浸水压力，已被动水压力所代替。当 $H_b=H'_b$且墙身排水良好时，墙前与墙后的静水压力的水平分力相互平衡（即 $P_{1x}=P'_{1x}$，方向相反），计算时可不予考虑。静水压力的垂直分力 P_{1y}与 P'_{1y}计入上浮力 P_2。

当墙后填料为透水性材料时，动水压力一般很小，可略去不计。

(4) 挡土墙在设置倾斜基底后（见图 5.17）沿倾斜基底的抗滑稳定系数应为

$$K_c=\frac{[(\sum N+\Delta G)\cos\alpha_0+E_x\sin\alpha_0]f}{E_x\cos\alpha_0-(\sum N+\Delta G)\sin\alpha_0}$$

或
$$K_c=\frac{[(G'+E_y)+E_x\tan\alpha_0]f}{E_x-(G'+E_y)\tan\alpha_0}$$

其中
$$G'=G+\Delta N$$

式中　G'——设置倾斜基底之后的挡土墙重力，kN；

G——原挡土墙重；

ΔN——设置倾斜基底后挡土墙增加的自重；

其他符号同前。

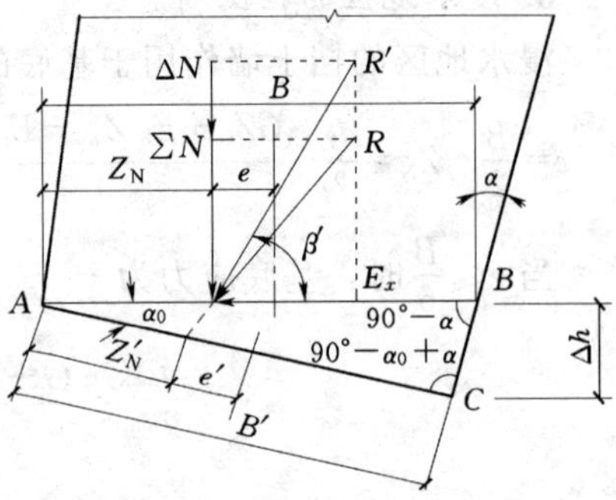

图 5.17　倾斜基底受力图

5.3.6　墙身截面强度验算

在挡土墙的设计中，除应保证挡土墙具有足够的稳定性以外，还必须使墙身具有足够的强度。挡土墙墙身截面，应按偏心受压构件验算其强度、偏心距及稳定性。挡土墙砌体的直接抗剪强度应符合相关规范的规定。

对墙身截面进行强度验算时，应根据经验选取一两个控制截面进行验算，一般可选择在墙身的底部、1/2 墙高和截面急剧变化处，如图 5.18 所示。

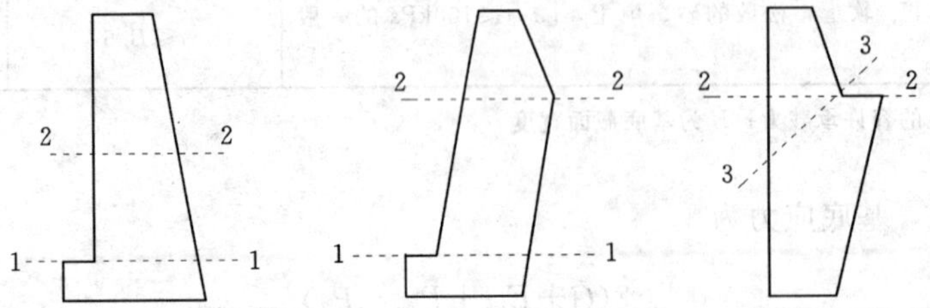

图 5.18　验算截面的选取

下面介绍传统的、也是大家熟悉的容许应力法验算墙身截面强度。关于按极限状态设计的方法，将在下一节中介绍。

5.3.6.1　法向应力验算

如图 5.19 所示，取墙身截面 1—1，作用于截面以上墙背的主动土压力为 E_1，墙重为 G_1，两者的合力为 R_1，则可将 R_1 分解为 N_1 和 T_1。验算截面 1—1 的法向应力，视偏心距（e_1）大小分别计算。

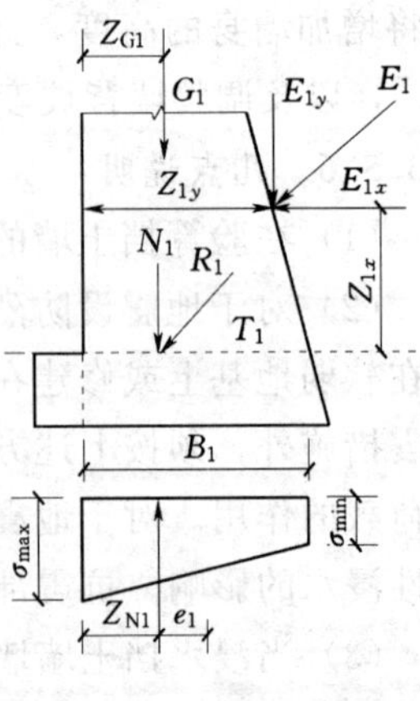

图 5.19　法向应力验算

当 $e_1=\dfrac{B_1}{2}-\dfrac{G_1Z_{G1}+E_{1y}Z_{1y}-E_{1x}Z_{1x}}{G_1+E_{1y}}\leqslant\dfrac{B_1}{6}$时，有

$$\begin{matrix}\sigma_{max}\\ \sigma_{min}\end{matrix}=\frac{N_1}{F}\pm\frac{M_1}{W}=\frac{G_1+E_{1y}}{B_1}\left(1\pm\frac{6e_1}{B_1}\right)\leqslant[\sigma_a]$$

其中
$$W=\frac{B_1^2}{6}$$
$$M_1=N_1e_1$$

式中　σ_{max}、σ_{min}——验算截面的最大、最小法向应力，kN/m²；

B_1——截面宽度，m；

F——截面面积，m^2；

W——截面系数，m^3；

N_1——计算截面以上竖直力之和，kN；

M_1——计算截面以上各力对截面行心力矩的代数和，kN·m；

G_1——计算截面以上墙身自重，kN；

E_{1x}、E_{1y}——计算截面以上的主动土压力 E_1 的水平分力、垂直分力，kN；

$[\sigma_a]$——圬工砌体的容许压应力，kN/m^2。

当截面偏心距 $e>B_1/6$ 截面出现拉应力且超过容许值，或截面不容许承受拉应力时，可按应力重分布考虑，采用下式计算法向最大压应力：

$$\sigma_{max}=\frac{2(G_1+E_{1y})}{3Z_{N1}}\leqslant[\sigma_a]$$

其中

$$Z_{N1}=\frac{B_1}{2}-e_1$$

式中　Z_{N1}——力臂，m。

5.3.6.2　剪应力验算

对于一般重力式挡土墙（断面为矩形、梯形），只进行墙身水平截面的剪应力验算（平剪验算）；对于折线形挡土墙，如衡重式挡土墙，除要进行平剪验算外，在衡重台处还应作斜剪验算（见图 5.19 中的截面 3—3）。

1. 水平方向剪应力计算

$$\tau=\frac{T_1}{A_1}=\frac{E_{1x}-(G_1+E_{1y})f_1}{B_1}\leqslant[\tau]$$

其中

$$T_1=E_{1x}-(G_1+E_{1y})f_1$$

$$A_1=1\times B_1$$

式中　T_1——验算截面的剪力；

f_1——圬工间的摩擦系数，主要荷载组合取 0.4，附加荷载组合取 0.5；

A_1——受剪面积；

$[\tau]$——圬工砌体的容许剪应力。

为了安全，亦有将验算截面摩擦力 $(G_1+E_{1y})f_1$ 一项略去不计的。

当墙身截面出现拉应力时，应考虑裂缝对受剪面积的折减。

当墙身砌体沿受拉力边出现裂缝时，受剪面积的有效宽度即减小为 B_1'，减小部分为 ΔB_1。此时 B_1 应用 B_1' 代替。B_1' 可按以下方法算出。

因为

$$\left(\sigma_l+\frac{N_1}{B_1}\right)/\frac{B_1}{2}=(\sigma_l-[\sigma_L])/\Delta B_1$$

其中

$$\Delta B_1=\frac{B_1^2(\sigma_l-[\sigma_L])}{2(B_1\sigma_l+N_1)}$$

所以

$$B_1' = B_1 - \Delta B_1 = B_1 - \frac{B_1^2(\sigma_1 - [\sigma_L])}{2(B_1\sigma_1 + N_1)}$$

式中　σ_1——计算最大拉应力，kN/m^2；

$[\sigma_L]$——砌体容许拉应力，kN/m^2；

N_1——计算截面以上法向力之和，kN。

2. 斜截面剪应力验算

对于衡重式挡土墙，除按上墙实际墙背所承受的土压力验算上、下墙交界处（见图 5.18 中的截面 2—2）的水平剪切外，还应验算与挡土墙土压力大致平行的斜截面 3—3。对斜截面进行验算，应将诸力投影到斜截面上，验算其抗剪强度能否达到要求。

(1) 上墙实际墙背的土压力。衡重式挡土墙上墙的计算土压力，作用于假想墙背或第二破裂面。验算上墙截面的应力时，可假定实际墙背及衡重台上均无摩擦力产生（但无相对移动），采用力多边形法来推求出实际墙背上的土压力（见图 5.20）。

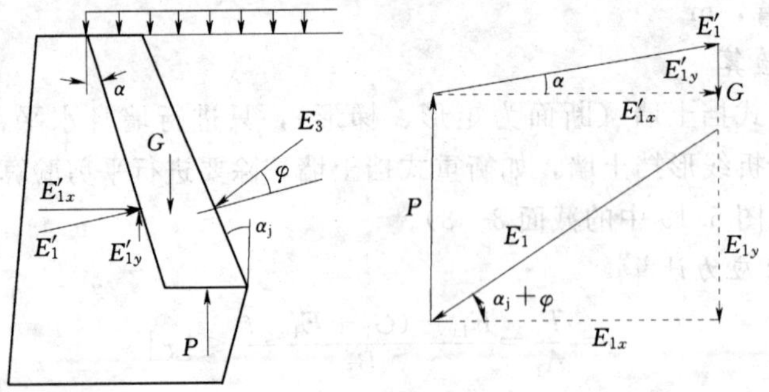

图 5.20　上墙实际墙背的土压力计算

由力多边形可知：

$$\left.\begin{aligned} E_{1x}' &= E_{1x} = E_1\cos(\alpha_j + \varphi) \\ E_{1y}' &= E_{1x}'\tan\alpha = E_{1x}\tan\alpha = E_1\cos(\alpha_j + \varphi)\tan\alpha \end{aligned}\right\}$$

假定此土压力沿墙背呈直线分布，作用于上墙的下三分点处。

(2) 斜截面剪应力验算。如图 5.21 所示，若假设衡重式挡土墙沿与水平方向成角的倾斜面被剪切。剪切面上的作用力是主动土压力的水平分力 E'_{1x} 和垂直分力 $\sum N$ $(=E_{1y}'+G_1+G_2)$ 在该截面上的切向分力 P_E 和 P_G，圬工砌体之间的摩擦力忽略不计，则斜截面上的剪应力为

$$\tau = \frac{P}{l} = \frac{P\cos i(1 - \tan\alpha\tan i)}{b_2}$$

$$= \cos^2 i[\tau_x(1 - \tan\alpha\tan i) + \tau_g\tan i(1 - \tan\alpha\tan i) + \tau_\tau\tan^2 i]$$

其中

$$\tau_x = E_{1x}'/b_2$$

$$\tau_g = (E_{1x}' + G_1)/b_2$$

$$\tau_\tau = \gamma_k b_2/2$$

式中　γ_k——墙身砌体容重，kN/m^3。

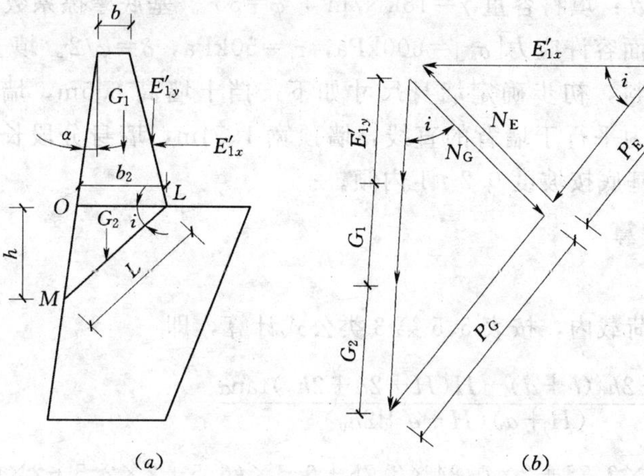

图 5.21　斜截面剪应力验算

对上式微分，令$\frac{d\tau}{di}=0$，经整理简化得

$$\tan i=-A\pm\sqrt{A^2+1}$$

其中

$$A=\frac{\tau_\tau-\tau_x-\tau_g\tan a}{\tau_x\tan a-\tau_g}$$

解出 i 角，代入下式：

$$\tau=\frac{P}{l}=\frac{P\cos i(1-\tan\alpha\tan i)}{b_2}$$
$$=\cos^2 i[\tau_x(1-\tan\alpha\tan i)+\tau_g\tan i(1-\tan\alpha\tan i)+\tau_\tau\tan^2 i]$$

即可求得最大计算剪应力 τ_{max}。当 $\tau_{max}\leqslant[\tau]$ 时，斜截面抗剪强度符合要求。

5.4　重力式路堤墙课程设计实例

5.4.1　设计题目

本次课程设计的题目：浆砌片石重力式路堤墙设计。

5.4.2　地层条件及其参数

（1）题号：重力式路堤墙课程设计任务书中第 8 组第 2 题（墙高 6.5m，墙后填土高度 2.5m）。

（2）地层：地基埋置深度不小于 1.0m，持力层为②号土层含砂粉质黏性土层，地基容许承载力 $R=250$kPa。

（3）荷载资料：车辆荷载换算等代土层厚度为 0.84m，布置在 7.5m 全宽路基上（见图 5.22）。

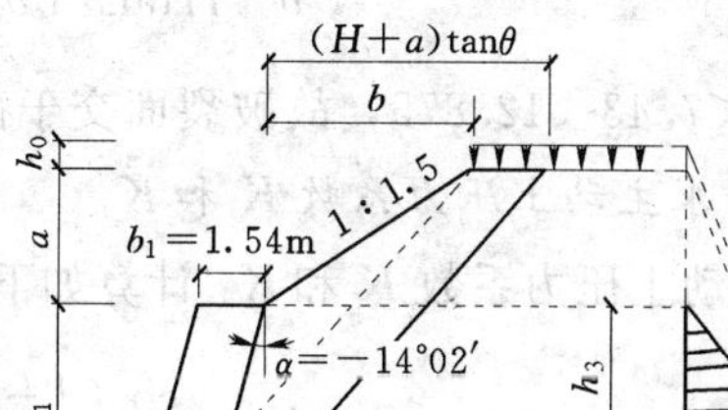

图 5.22　挡土墙示意图

(4) 其他设计参数：填料容重 $\gamma=18\text{kN/m}^3$，$\varphi=35°$。基底摩擦系数 $f=0.4$，墙身容重 $\gamma_k=22\text{kN/m}^3$，截面容许应力$[\sigma_a]=600\text{kPa}$，$\tau_i=50\text{kPa}$，$\delta=\varphi/2$。填土边坡 1∶1.5。

根据给定设计资料，初步确定墙身尺寸如下：挡土墙高 6.5m，墙背仰斜 1∶0.25 ($\alpha=-14°02'$)，墙面为平行于墙背的直线，墙顶宽 1.54m，墙身分段长 10m。为增大墙身抗滑稳定性，设置基底按坡度 0.2∶1 内倾。

5.4.3 主动土压力计算

1. 破裂角 θ

假设破裂面交于荷载内，按表 5.5 第 3 类公式计算，即

$$A=\frac{ab+2h_0(b+d)-H(H+2a+2h_0)\tan\alpha}{(H+a)(H+a+2h_0)}$$

$$=\frac{2.5\times3.75+2\times0.84\times3.75+6.5\times(6.5+2\times2.5+2\times0.84)\times0.25}{(6.5+2.5)\times(6.5+2.5+2\times0.84)}$$

$$=0.386$$

$$\psi=\varphi+\alpha+\delta=35°-14°02'+17°30'=38°28'\leqslant90°$$

$$\tan\theta=-\tan\psi+\sqrt{(\cot\varphi+\tan\psi)[\tan(\psi+A)]}=0.825$$

则

$$\theta=39°32'$$

验核破裂面位置如下：

堤顶破裂面矩墙踵距离为

$$(H+a)\tan\theta=(6.5+2.5)\times0.825=7.43\text{m}$$

荷载内边缘距墙踵距离为

$$b-H\tan\alpha=3.75+6.5\times0.25=5.375\text{m}$$

荷载外缘至墙踵距离为

$$b-H\tan\alpha+b_0=5.375+7.5=12.875\text{m}$$

5.375<7.43<12.875，故破裂面交于荷载内，与设计相符，可采用所选计算公式。

2. 求主动土压力系数 K 和 K_1

主动土压力系数 K 和 K_1 计算如下：

$$K=\frac{\cos(\theta+\varphi)}{\sin(\theta+\psi)}(\tan\theta+\tan\alpha)=0.157$$

由于

$$h_3=\frac{b-a\tan\theta}{\tan\theta+\tan\alpha}=\frac{3.75-2.5\times0.825}{0.825-0.25}=2.93\text{m}$$

$$h_4=H-h_3=6.5-2.93=3.57\text{m}$$

则

$$K_1=1+\frac{2a}{H}\left(1-\frac{h_3}{2H}\right)+\frac{2h_0h_4}{H^2}$$

$$=1+\frac{2\times 2.5}{5}\left(1-\frac{3.57}{2\times 6.5}\right)+\frac{2\times 0.84\times 3.57}{6.5^2}$$

$$=1.867$$

3. *求主动土压力 E 及其作用点位置 Z_y*

主动土压力 E 为

$$E=\frac{1}{2}\gamma H^2KK_1=\frac{1}{2}\times 18\times 6.5^2\times 0.157\times 1.867=111.46\text{kN}$$

主动土压力的作用点位置 Z_y 为

$$Z_y=\frac{H}{3}+\frac{a(H-h_3)^2+h_0h_4(3h_4-2H)}{3H^2K_1}$$

$$=\frac{6.5}{3}+\frac{3\times(6.5-2.93)^2+0.84\times 3.57\times(3\times 3.57-2\times 6.5)}{3\times 6.5^2\times 1.867}$$

$$=2.18\text{m}$$

5.4.4　设计挡土墙截面

由于墙面平行墙背，基底倾斜 0.2 : 1（$\alpha_0=11°19'$）。通过试算，选墙顶墙宽 $b_1=1.54$m。

1. *计算墙身重 G 及其力臂 Z_G*

墙身重 G 及其力臂 Z_G 计算结果，列于表 5.10。

表 5.10　　墙身重 G 及其力臂 Z_G 计算结果

体积 V (m)	自重 G (kN)	力臂 Z_G (m)	
$V_1=b_1H-0.191b_1^2$ $=1.54\times 6.5-0.191\times 1.54^2$ $=9.56$	$G_1=210.3$	$Z_{G1}=0.125H+0.476b_1$ $=0.125\times 6.5+0.476\times 1.54$ $=1.55$	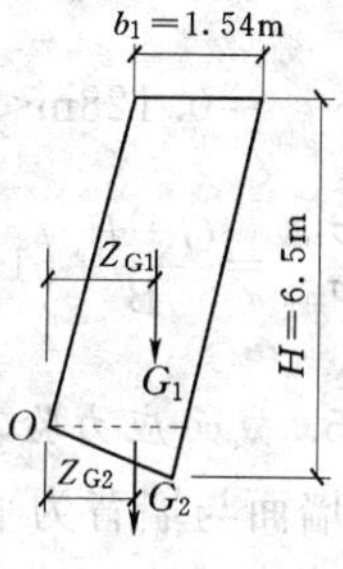
$V_1=0.095b_1^2$ $=0.095\times 1.54^2$ $=0.23$	$G_2=5.1$	$Z_{G2}=0.651b_1$ $=0.651\times 1.54$ $=1.00$	
$V=V_1+V_2=9.02$	$G=G_1+G_2$ $=215.4$		

2. *滑动稳定性验算*

抗滑稳定系数为

$$K_c=\frac{[G\cos\alpha_0+E\sin(\alpha+\delta+\alpha_0)]f}{E\cos(\alpha+\delta+\alpha_0)-G\sin\alpha_0}$$

$$=\frac{[215.4\times\cos11°19'+111.46\times\sin(-14°02'+17°30'+11°19')]\times0.4}{111.46\times\cos(-14°02'+17°30'+11°19')-215.4\times\sin11°19'}$$

$$=1.46>1.30$$

3. 倾覆稳定验算

$$E_x=E\cos(\alpha+\delta)=111.46\times\cos(-14°02'+17°30')=111.26\text{kN}$$

$$E_y=E\sin(\alpha+\delta)=111.46\times\sin(-14°02'+17°30')=6.74\text{kN}$$

因基底倾斜，土压力对墙趾 O 的力臂改为

$$Z_{y1}=Z_y-0.191b_1=2.18-0.191\times1.54=1.89\text{m}$$

$$Z_{x1}=B_1-Z_y\tan\alpha=0.952\times1.54+2.18\times0.25=2.01\text{m}$$

则

$$K_0=\frac{G_1Z_{G1}+G_2Z_{G2}+E_yZ_{x1}}{E_xZ_{y1}}$$

$$=\frac{210.3\times1.55+5.1\times1.00+6.74\times2.01}{111.26\times1.89}$$

$$=1.64>1.30$$

稳定性验算的结果表明，断面尺寸由滑动控制，上述估计符合实际。

4. 基底应力验算

$$e=\frac{B}{2}-Z_N$$

$$=\frac{0.952b_1}{2}-\frac{G_1Z_{G1}+G_2Z_{G2}+E_yZ_{x1}-E_xZ_{y1}}{G_1+G_2+E_y}$$

$$=\frac{0.952\times1.54}{2}-\frac{210.3\times1.55+5.1\times1.00+6.74\times2.01-111.26\times1.89}{210.3+5.1+6.74}$$

$$=0.128\text{m}<\frac{B_1}{6}(=0.245\text{m})$$

$$\begin{matrix}\sigma_{max}\\ \sigma_{min}\end{matrix}=\frac{G+E_y}{B}\left(1\pm\frac{6e}{B}\right)=\frac{215.4+6.74}{1.47}\times\left(1\pm\frac{6\times0.128}{1.47}\right)=\begin{cases}230.1\\72.04\end{cases}\text{kPa}\leqslant R(=250\text{kPa})$$

5. 截面应力验算

墙面与墙背为平行的直线，截面的最大应力出现于接近基底处。由基底应力验算可知，偏心距及基底应力均满足地基的要求，则截面应力肯定也满足墙身材料的要求，故可不作验算。

通过上述验算，所拟截面符合各项要求，决定采用此截面，顶宽为 1.54m。

5.4.5 设计图纸

根据上述计算，绘制浆砌片石重力式路堤墙立面图、断面做法示意图及大样图如图 5.23 所示。

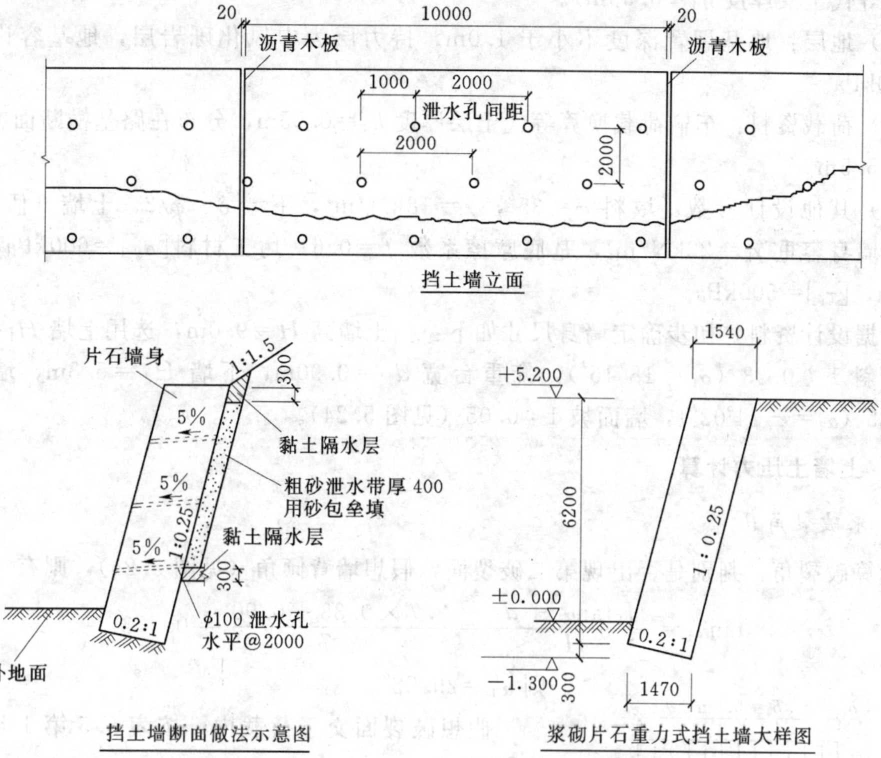

设计说明：

1. 墙身为片石砌注，片石厚度不小于 0.15m，体积不小于 0.01m³。石料应采用无风化石材，面石要平整，挡土墙外露面采用 1∶3 水泥砂浆勾凸缝。
2. 挡土墙采用 M10 水泥砂浆砌筑，施工前作好配比试验，强度要求达到设计等级，砌筑时砂浆要密实、包满，不得有空洞。
3. 挡土墙分段：每 10m 设置一条沉降缝，缝宽 2cm，外露面 1cm，缝线竖直美观，可用 C15 混凝土角石砌筑，沉降缝内用 1.5cm 浸沥青软木板分隔。
4. 应先把挡土墙后原土坡放成 45°坡，然后施工挡土墙。基坑开挖应搞好地面排水，保持基坑干燥，基础施工完毕应及时回填、夯实。墙后回填料的干密度大于或等于 1.65t/m³。回填料应分层夯实。
5. 挡土墙基槽开挖至持力层下 300mm，而后做 C10 混凝土垫层厚 100mm，宽度每边基础底边放大 50mm。
6. 混凝土强度大于 80％设计强度时，才能回填墙后回填土。

图 5.23 浆砌片石重力式路堤墙立面图、断面做法示意图及大样图

5.5 衡重式挡土墙课程设计实例

5.5.1 设计题目

本次课程设计的题目：浆砌片石衡重式路肩墙设计。

5.5.2 地层条件及其参数

(1) 题号：衡重式路肩墙课程设计任务书中第 8 组第 2 题（挡土墙高 9.0m，车辆荷

载换算等代土层厚度 $h_0=0.55\text{m}$)。

(2) 地层:地基埋置深度不小于 1.0m,持力层为中风化砾岩层,地基容许承载力 $R=800\text{kPa}$。

(3) 荷载资料:车辆荷载换算等代土层厚度 $h_0=0.55\text{m}$,分布在路基横断面方向的宽度 $b_0=5.5\text{m}$。

(4) 其他设计参数:填料 $\varphi=35°$,$\gamma=18\text{kN/m}^3$,下墙 $\delta=\varphi/2$,上墙(假想墙背)$\delta=\varphi$。墙身容重 $\gamma_k=22\text{kN/m}^3$,基底摩擦系数 $f=0.6$;圬工材料$[\sigma_a]=600\text{kPa}$,$[\sigma_l]=100\text{kPa}$,$[\tau_j]=500\text{kPa}$。

根据设计资料,初步确定墙身尺寸如下:挡土墙高 $H=9.0\text{m}$,选用上墙 $H_1=3.7\text{m}$,墙背俯斜 1∶0.33($\alpha_1=18°15'$),衡重台宽 $d_1=0.90\text{m}$,下墙 $H_2=5.3\text{m}$,墙背仰斜 1∶0.25($\alpha_2=-14°02'$),墙面坡 1∶0.05(见图 5.24)。

5.5.3 上墙土压力计算

1. 求破裂角 θ_1

计算破裂角,判别是否出现第二破裂面,假想墙背倾角(见图 5.24),则有

$$\tan\alpha'_1=\frac{H_1\tan\alpha_1+d_1}{H_1}=\frac{3.7\times0.33+0.90}{3.7}=0.573$$

则 $\alpha'_1=29.28°$。

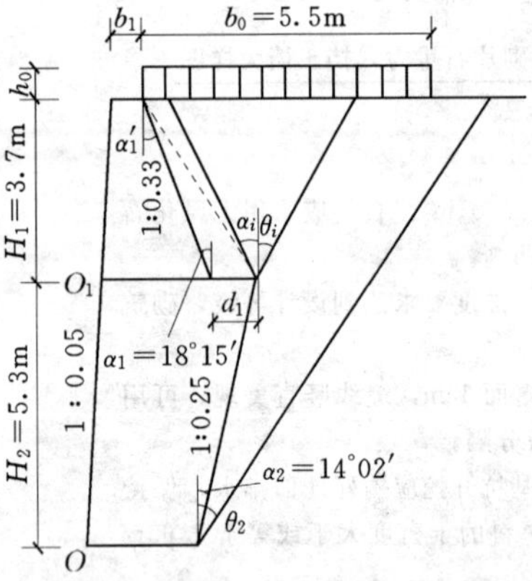

图 5.24 墙身示意图

假想破裂面交于荷载内,按表 5.5 第 1 类公式计算,得

$$\alpha_i=\theta_i=45°-35°/2=27.5°$$

$$\tan\theta_i=0.521$$

验核破裂面位置如下:

第一破裂面距墙顶内缘距离为

$$H_1(\tan\theta_i+\tan\alpha'_1)=3.7\times(0.521+0.573)=4.048\text{m}<b_0(=5.5\text{m})$$

破裂面交于荷载内,与假设相符,而且也不可能出现其他情况,故采用此类计算公式。

因 $\alpha_i<\alpha'_1$,故出现第二破裂面。

2. 计算第二破裂面上的主动土压力 E_1

由表 5.6 第 1 类公式,有

$$K=\frac{\tan^2\left(45°-\dfrac{\varphi}{2}\right)}{\cos\left(45°+\dfrac{\varphi}{2}\right)}=\frac{\tan^2(45°-17°30')}{\cos(45°+17°30')}=0.587$$

$$K_1=1+\frac{2h_0}{H_1}=1+\frac{2\times0.55}{3.7}=1.297$$

$$E_1=\frac{1}{2}\gamma H^2KK_1=\frac{1}{2}\times18\times3.7^2\times0.587\times1.297=93.8\text{kN}$$

$$E_{1x}=E_1\cos(\alpha_i+\varphi)=93.8\times\cos(27.5^\circ+35^\circ)=43.3\text{kN}$$

$$E_{1y}=E_1\sin(\alpha_i+\varphi)=69.6\sin(27.5^\circ+35^\circ)=83.2\text{kN}$$

对上墙 O_1 的力臂为

$$Z_{1y}=\frac{H_1}{3}+\frac{h_0}{3K_1}=\frac{3.7}{3}+\frac{0.55}{3\times1.297}=1.375\text{m}$$

$$Z_{1x}=b_2+d_1-Z_{1y}\tan\alpha_i=1.91+0.9-1.375\times0.521=2.61\text{m}$$

3. 计算上墙实际墙背上土压力 E_1'

$$E_{1x}'=E_{1x}=43.3\text{kN}$$

$$E_{1y}'=E_{1x}'\tan\alpha_1=43.3\times0.33=14.29\text{kN}$$

对上墙 O_1 的力臂为

$$Z_{1y}'=\frac{H_1}{3}=\frac{3.7}{3}=1.23\text{m}$$

$$Z_{1x}'=b_2-Z_{1y}'\tan\alpha_1=1.91-1.23\times0.33=1.50\text{m}$$

5.5.4　下墙土压力计算

1. 求破裂角 θ_2

假想破裂面交于荷载内（见图 5.25），按表 5.7 第 1 类公式得

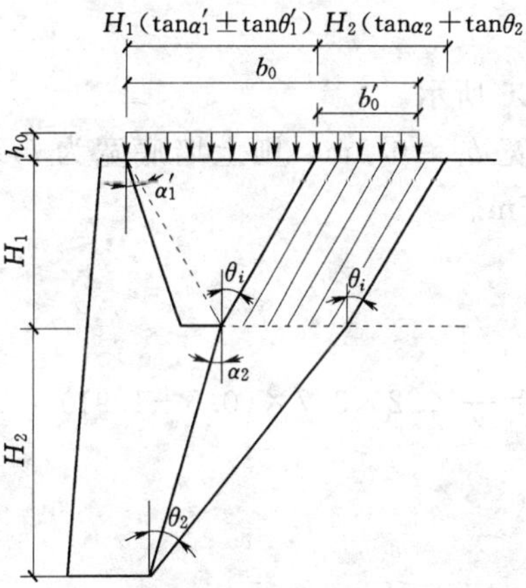

图 5.25　破裂角示意图

$$A=-\tan\alpha_2=-\tan14^\circ02'=0.25$$

$$\psi=\varphi+\alpha_2+\delta_2=35^\circ+14^\circ02'+35^\circ/2=66^\circ32'$$

$$\tan\theta_2=-\tan\psi+\sqrt{(\cot\varphi+\tan\psi)(\tan\psi+A)}=0.729$$

$$\theta_2=36^\circ06'$$

验核破裂面位置如下：

堤顶破裂面距墙顶内缘的距离为

$$H_1(\tan\alpha_1'+\tan\theta_i)+H_2(\tan\theta_2+\tan\alpha_2)$$
$$=3.7\times(0.573+0.521)+5.3\times(0.729-0.25)$$
$$=6.59\text{m}>b_0(=5.5\text{m})$$

破裂面交于荷载外，与假设不符。

重设破裂面交于荷载外，采用表 5.7 中第 4 类公式，得

$$b_0'=b_0-H_1(\tan\alpha_1'+\tan\theta_i)=5.5-3.7\times(0.573+0.521)=1.45\text{m}$$

$$A=-\frac{2b_0'h_0}{H_2(H_2+2H_1)}-\tan\alpha_2=-\frac{2\times1.45\times0.55}{5.3\times(5.3+2\times3.7)}+0.25=0.217$$

$$\psi=\varphi+\alpha_2+\delta_2=35^\circ+14^\circ02'+35^\circ/2=66^\circ32'$$

$$\tan\theta_2=-\tan\psi+\sqrt{(\cot\varphi+\tan\psi)(\tan\psi+A)}=0.763$$

$$\theta_2=37.36^\circ$$

验核破裂面位置如下：

堤顶破裂面距墙顶内缘的距离为

$$H_1(\tan\alpha_1'+\tan\theta_i)+H_2(\tan\theta_2+\tan\alpha_2)=3.7\times(0.573+0.521)+5.3\times(0.763-0.25)$$
$$=6.77\text{m}>b_0(=5.5\text{m})$$

破裂面交于荷载外，与假设相符，故采用所选计算公式。

2. 计算土压力 E_2

由表 5.7 中第 4 类公式，得

$$K=\frac{\cos(\theta_2+\varphi)}{\sin(\theta_2+\varphi)}(\tan\theta_2+\tan\alpha_2)=0.163$$

$$h_2=\frac{b_0'}{\tan\theta_2+\tan\alpha_2}=\frac{1.45}{0.763-0.25}=2.83\text{m}$$

$$K_1=1+\frac{2H_1}{H_2}+\frac{2h_0h_2}{H_2^2}=1+\frac{2\times3.7}{5.3}+\frac{2\times0.55\times2.83}{5.3^2}=2.507$$

$$E_2=\frac{1}{2}\gamma H_2^2KK_1=\frac{1}{2}\times18\times5.3^2\times0.163\times2.507=103.31\text{kN}$$

$$E_{2x}=E_2\cos(\alpha_2+\delta_2)=103.31\times\cos(-14°02'+17°30')=103.12\text{kN}$$

$$E_{2y}=E_2\sin(\alpha_2+\delta_2)=103.31\times\sin(-14°02'+17°30')=6.25\text{kN}$$

$$Z_{2y}=\frac{H_2}{3}+\frac{H_1}{3K_1}-\frac{h_0h_2(3h_2-4H_2)}{3H_2^2K_1}$$

$$=\frac{5.3}{3}+\frac{3.7}{3\times2.507}-\frac{0.55\times2.83\times(3\times2.83-4\times5.3)}{3\times5.3^2\times2.507}$$

$$=2.04\text{m}$$

5.5.5 墙身截面计算

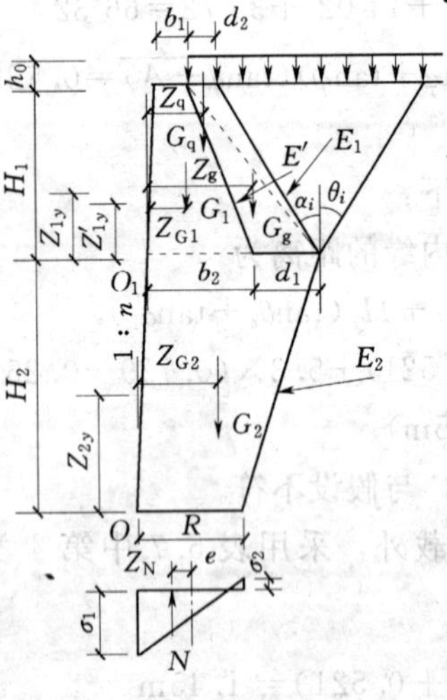

图 5.26 墙身受力示意图

墙身截面计算如图 5.26 所示。

通过试算后，选墙顶宽 $b_1=0.5\text{m}$，则上墙底宽为 $b_2=1.91\text{m}$，下墙底宽 $B=1.75\text{m}$。

1. 墙身重及力臂

(1) 上墙墙身重 G_1 为

$$G_1=\frac{1}{2}\gamma_k H_1(b_1+b_2)=\frac{1}{2}\times22\times3.7\times(0.5+1.91)$$

$$=98.1\text{kN}$$

对墙趾的力臂为

$$Z_{G1}=nH_2+\frac{b_1^2+b_1b_2+b_2^2+(2b_1+b_2)nH_1}{3(b_1+b_2)}$$

$$=0.05\times5.3+\frac{0.5^2+0.5\times1.91+1.91^2+(2\times0.5+1.91)\times0.05\times3.7}{3\times(0.5+1.91)}$$

$$=1.01\text{m}$$

(2) 第二破裂面与墙背之间的土楔重 G_g 为

$$d_2=H_1(\tan\alpha_1'-\tan\alpha_i)=3.7\times(0.573-0.521)=0.19\text{m}$$

$$G_g=\frac{1}{2}\gamma H_1(d_1+d_2)=\frac{1}{2}\times18\times3.7\times(0.90+0.19)=36.3\text{kN}$$

对墙趾的力臂为

$$Z_{G1}=n(H_1+H_2)+b_1+H_1\tan\alpha_1+\frac{d_1^2+d_1d_2+d_2^2-(2d_2+d_1)H_1\tan\alpha_1}{3(d_1+d_2)}$$

$$=0.05\times(3.7+5.3)+0.50+3.7\times0.33$$

$$+\frac{0.19^2+0.19\times0.90+0.90^2-(2\times0.19+0.90)\times3.7\times0.33}{3\times(0.19+0.90)}$$

$$=2.0\text{m}$$

（3）土楔体上的荷载重 G_q 为

$$G_q=\gamma h_0 d_0=18\times0.55\times0.19=1.88\text{kN}$$

对墙趾的力臂为

$$Z_q=n(H_1+H_2)+b_1+\frac{1}{2}d_2$$

$$=0.05\times(3.7+5.3)+0.50+\frac{1}{2}\times0.19$$

$$=1.05\text{m}$$

（4）下墙墙身重 G_2 为

$$G_2=\frac{1}{2}\gamma_k H_2(b_2+d_1+B)=\frac{1}{2}\times22\times5.3\times(1.91+0.90+1.75)=265.85\text{kN}$$

对墙趾的力臂为

$$Z_{G2}=\frac{[B^2+B(b_2+d_1)+(b_2+d_1)^2]+[2(b_2+d_1)+B]nH_2}{3[B+(b_2+d_1)]}$$

$$=\frac{[1.75^2+1.75\times(1.91+0.90)+(1.91+0.90)^2]+[2\times(1.91+0.90)+1.75]\times0.05\times5.3}{3\times[1.75+(1.91+0.90)]}$$

$$=1.30\text{m}$$

2. 滑动稳定验算

$$K_c=\frac{(G_1+G_2+G_g+G_q+E_{1y}+E_{2y})f}{E_{1x}+E_{2x}}$$

$$=\frac{(98.1+265.85+36.3+1.88+83.2+6.25)\times0.6}{43.3+103.12}$$

$$=1.4\geqslant1.3$$

3. 倾覆稳定验算

$$Z_{1x}=nH_2+b_2+d_1-Z_{1y}\tan\alpha_i$$

$$=0.05\times5.3+1.91+0.90-1.375\times0.521$$

$$=2.36\text{m}$$

$$Z_{2x}=B-Z_{2y}\tan\alpha_2=1.75+2.04\times0.25=2.26\text{m}$$

$$K_0=\frac{G_1Z_{G1}+G_2Z_{G2}+G_gZ_g+G_qZ_q+E_{1x}Z_{1x}+E_{2x}Z_{2x}}{E_{1x}(Z_{1y}+H_2)+E_{2x}Z_{2y}}$$

$$=\frac{98.1\times1.01+265.85\times1.30+36.3\times2.0+1.88\times1.05+83.2\times2.61+6.25\times2.26}{43.3\times(1.375+5.3)+103.12\times2.04}$$

$=1.503\geqslant 1.50$

4. 基底应力验算

$$e=\frac{B}{2}-\frac{\sum M_y-\sum M_x}{\sum(G+E_y)}$$

$$=\frac{1.75}{2}-\frac{750.5-499.4}{98.1+265.85+36.3+1.88+83.2+6.25}$$

$$=0.875-0.51$$

$$=0.36\text{m}$$

$$e<\frac{1}{4}B(=0.43\text{m})$$

$$e>\frac{1}{6}B(=0.29\text{m})$$

$$\sigma_{\max}=\frac{2\sum(G+Z_y)}{3Z_N}=\frac{2\times 491.6}{3\times 0.51}=642.6\text{kPa}\leqslant R(=800\text{kPa})$$

5. 截面应力验算

选上墙墙底面验算：

$$Z'_{1x}=nH_1+b_1+(H_1-Z'_{1y}\tan\alpha_1)$$

$$=0.05\times 3.7+0.5+(3.7-1.23)\times 0.33$$

$$=1.50\text{m}$$

$$e_1=\frac{b_2}{2}-Z_N$$

$$=\frac{b_2}{2}-\frac{G_1(Z_{G1}-nH_2)+E'_{1y}Z'_{1x}-E'_{1x}Z'_{1y}}{G+E'_{1y}}$$

$$=\frac{1.91}{2}-\frac{98.1\times(1.01-0.05\times 5.3)+14.29\times 1.50-43.3\times 1.23}{98.1+14.29}$$

$$=0.58\text{m}$$

$$e_1<0.32b_2(=0.61\text{m})$$

$$e_1>\frac{b_2}{6}(=0.32\text{m})$$

$$\sigma_{\min}^{\max}=\frac{G_1+G'_{1y}}{b_2}\left(1\pm\frac{6e_1}{b_2}\right)=\frac{98.1+14.29}{1.91}\times\left(1\pm\frac{6\times 0.58}{1.91}\right)=\begin{cases}+355.2<[\sigma_a]\\-48.4<[\sigma_l]\end{cases}$$

$$\tau=\frac{E'_{1x}}{b_2}=\frac{43.3}{1.91}=22.7\text{kPa}\leqslant[\tau_j](=50\text{kPa})$$

由上述计算可知，所选截面尺寸符合各项要求。

5.5.6 设计图纸

通过以上计算，绘制衡重式路肩墙施工图纸如图 5.27 所示。

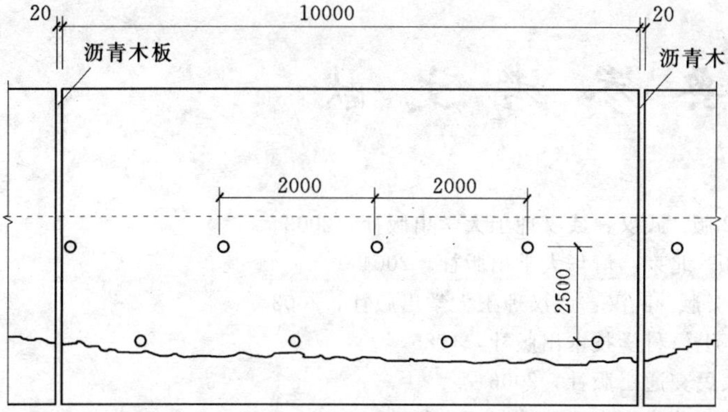

挡土墙立面图

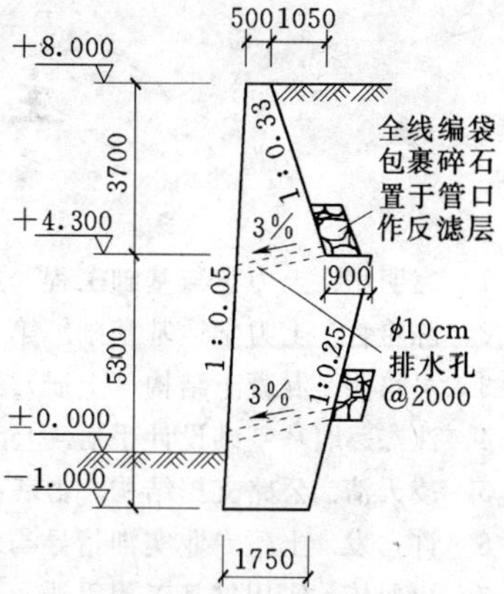

浆砌片石衡重式挡土墙断面图

设计说明：

1. 挡土墙采用 M10 水泥砂浆砌筑，施工前作好配比试验，强度要求达到设计等级，砌筑时砂浆要密实、包满，不得有空洞。
2. 石料应采用无风化石材，面石要平整，挡土墙外露面采用 1∶3 水泥砂浆勾凸缝。
3. 基础砌筑不得在有水状态下进行，应做好基坑排水工作。
4. 挡土墙分段：每 10m 设置一条沉降缝，缝宽 2cm，外露面 1cm，缝线竖直美观，可用 C15 混凝土角石砌筑，沉降缝内用 1.5cm 浸沥青软木板分隔。
5. 挡土墙压顶混凝土 C20。预制混凝土护栏可以浇入压顶混凝土之中。
6. 道路排水系统出水口管应预先埋入挡土墙中，注意高程和平面的正确性。
7. 挡土墙后回填土根据道路设计要求进行分层压实处理。挡土墙前趾回填土应人工夯实，原则上基础台阶应全部填埋入土中。
8. 反滤层要求设置成通长。
9. 硬塑管伸入反滤层端用透水土工布或蛇皮袋布包扎。
10. 浇筑压顶时应注意预留波形护栏的钢管孔。

图 5.27　衡重式路肩墙施工图

主要参考文献

1 赵明华. 土力学与基础工程. 第 2 版. 武汉：武汉理工大学出版社，2003

2 陈希哲. 土力学地基基础. 第 4 版. 北京：清华大学出版社，2004

3 吴培明. 混凝土结构（上册）. 第 2 版. 武汉：武汉理工大学出版社，2003

4 沈杰. 地基基础设计手册. 上海：上海科学技术出版社，1985

5 凌天清. 公路支挡结构. 北京：人民交通出版社，2006

6 许占发. 土建专业实训指导与示例. 北京：中国建筑工业出版社，2006

7 史佩栋. 实用桩基工程手册. 北京：中国建筑工业出版社，1999

8 尉希成. 支挡结构设计手册. 第 2 版. 北京：中国建筑工业出版社，2004

9 交通部第二公路勘察设计院. 公路设计手册·路基. 第 2 版. 北京：人民交通出版社，1996

10 建筑制图标准（GB/T 50104—2001）. 北京：中国建筑工业出版社，2002

11 建筑结构荷载规范（GB 50009—2001）. 北京：中国建筑工业出版社，2002

12 建筑地基基础设计规范（GB 50007—2002）. 北京：中国建筑工业出版社，2002

13 混凝土结构设计规范（GB 50010—2002）. 北京：中国建筑工业出版社，2002

14 建筑桩基技术规范（JGJ 94—2008）. 北京：中国建筑工业出版社，2008